园林工程设计与施工研究

张文今 杨 斌 郑 辉◎著

吉林科学技术出版社

图书在版编目（CIP）数据

园林工程设计与施工研究 / 张文今，杨斌，郑辉著
. -- 长春 ：吉林科学技术出版社，2023.3
　 ISBN 978-7-5744-0264-5

　 Ⅰ．①园… Ⅱ．①张… ②杨… ③郑… Ⅲ．①园林－
工程设计②园林－工程施工 Ⅳ．①TU986.3

中国国家版本馆 CIP 数据核字(2023)第 063918 号

园林工程设计与施工研究

作　　者	张文今 杨　斌 郑　辉
出 版 人	宛　霞
责任编辑	管思梦
幅面尺寸	185 mm×260mm
开　　本	16
字　　数	296 千字
印　　张	13
版　　次	2023 年 3 月第 1 版
印　　次	2023 年 3 月第 1 次印刷

出　　版	吉林科学技术出版社
发　　行	吉林科学技术出版社
地　　址	长春市净月区福祉大路 5788 号
邮　　编	130118

发行部电话/传真　 0431-81629529　81629530　81629531
　　　　　　　　　　 81629532　81629533　81629534

储运部电话　 0431-86059116

编辑部电话　 0431-81629518

印　　刷　 北京四海锦诚印刷技术有限公司

书　　号	ISBN 978-7-5744-0264-5
定　　价	80.00 元

前　言

　　景观分为两大类，即自然景观与人文景观。自然景观产生于人类之前，如土地、河流、海洋等；人文景观产于人类文明之后，它是经过对自然的改造，被注入了人类意志和活动的一类景观。从美学的角度来看，园林景观艺术来源于自然和生活。在人们的生活中，从来没有中断过对美的追求，也从来没有间断过以艺术的创造来达到这一目的。在通常情况下，人们对园林景观的感受往往更注重它的形式美感。园林景观的美感来自它的艺术创作，因此，当人们在欣赏和评价园林的美感时，着重谈到的就是它的艺术性。

　　园林工程是在特定范围之内，非常具有科学性、艺术欣赏价值的，且合理建造于本地域的绿地或风景建筑。园林工程的发展关系着地区经济、环境和文化的发展，而改革开放以来，伴随着社会经济的飞速发展，城市化进程的加快，各种环境问题也日益凸显；与此同时，人们物质文化生活水平的提高对精神需求也提出了更高的要求，人们对自然的渴望与美的追求催生出了园林产业的进一步发展。本书是园林工程方向的著作，主要研究园林工程设计与施工，本书从园林工程概述入手，针对园林土石方工程设计与施工、园路工程设计与施工、园林给排水工程设计与施工进行了分析研究；另外对水景工程设计与施工、假山工程设计与施工、园林绿化工程设计与施工做了一定的介绍，旨在摸索出一条适合园林工程设计与施工工作的科学道路，帮助相关工作者在应用中少走弯路，运用科学方法，提高效率。

　　由于作者水平有限，加之时间紧迫、经验不足，书中难免有疏漏和不妥之处，恳请广大读者批评指正，以便今后进一步修订和完善。

目 录

第一章 园林工程概述

第一节 园林与园林工程基础知识

一、园林概念

(一) 国外的"园林"定义

西文的拼音文字如拉丁语系的 garden、jardon 等，源自古希伯来文的 gen 和 eden 两字的结合。前者意为鲜花，后者即乐园，也就是充满着果树鲜化，潺潺流水的"伊甸园"。按照中国自然科学名词审定委员会颁布的《建筑·园林·城市规划名词》规定，"园林"被译为 garden and park，即"花园及公园"的意思。garden 一词，现代英文译为"花园"比较准确，但它的本意不只是花园，还包括菜园、果园、草药园、猎苑等。park 一词即是公园之意，即资产阶级革命成功以后将过去皇室花园、猎苑及贵族庄园没收，或由政府投资兴建、管理的向全体公众开放的园林。

(二) 中国的"园林"定义

1.《辞海》

《辞海》中不见"园林"一词，只有"园"。

"园"有以下两种解释：

①四周常围有篱垣，种植树木、果树、花卉或蔬菜等植物和饲养、展出动物的绿地，如公园、植物园、动物园等。

②帝王后妃的墓地。

2.《辞源》

《辞源》亦不见"园林"，只有"园"。

"园"有以下三种解释：

①用篱笆环围种植蔬菜、花木的地方。

②别墅和游息的地方。

③帝王的墓地。

在一般文化圈内，"园林"与"园"的概念是混同的。要弄清"园林"的"真面目"，还须参考一下园林界的解释，而园林界关于"园林"的定义似乎也没有完全确定。

（三）周维权的两个著名观点

周维权先生曾经有两个著名的观点：

第一，园林乃人们为弥补与自然环境的隔离而人工建造的"第二自然"。

这一观点表明，当人们远离改变或破坏了的自然环境，完全卷入尘世的喧闹之后，就会产生一种厌倦之感或压抑感，从而产生回归自然的欲望，但人们又不愿或不可能完全回归树巢穴居、茹毛饮血的原始自然环境中，所以就采用人工的方法模拟"第一自然"，即原始的自然环境，而创造了"园林"即"第二自然"。这一观点正确地反映了人类社会、自然环境变迁与园林形成发展关系的一般规律。但是，这里所谓的"第二自然"即是人工自然或人造自然园林，显然没有包括近代以来由美国发起，进而风靡世界的国家公园，即对于那些尚未遭受人类重大干扰的特殊自然景观和对地质地貌、天然动植物群落加以保护的国家级公园。按照国家公园的概念理解，自然风景名胜算是特殊的自然景观，只要采取措施加以保护就属于园林范畴了。而周维权先生认为，自然风景名胜属于大自然的杰作，属于"第一自然"，而并非人工创造的"第二自然"，当然不属于园林范畴。我们认为，从古典园林视角看，这一观点还是值得肯定的，如从发展的视角看就有必要加以修正了。

第二，园林是在一定的地段范围内，利用、改造天然山水地貌，或者人为开辟山水地貌，结合植物栽培，建筑布置，辅以禽鸟喂养，从而构成一个以视觉景观之美为主的赏心悦目、畅情舒怀的游憩、居住环境。

这一界定，包含园林相地选址、造园方法、园林艺术特色和功能，用来解释中国古典园林则恰如其分，但它不能包容近、现代园林的性质、特色与功能。园林是指在一定的地形（地段）之上，利用、改造和营造起来的，由山（自然山、人造山）、水（自然水、理水）、物（植物、动物、建筑物）所构成的具有游、猎、观、尝、祭、祀、息、戏、书、绘、畅、饮等多种功能的大型综合艺术群体。这一观点是目前所见有关园林的比较完整、系统的定义，它试图从园林的选址、兴造方法、构成要素、主要功能等方面全面诠释园林，不失为具有较高价值的创新观点，似乎可以作为"园林"一词的经典式定义了。然而，仔细推敲一下，尚有值得商榷之处。

首先，这个园林定义不够简明，仅注释性括号有 4 个，主要功能有 12 个且多有重复。其次，不够科学。构园要素中的"物"不能把动、植物和建筑物混用，园林功能中的"猎"业已消失，"尝"意不明，且缺乏文体娱乐等，"艺术群体"指代园林也不准确。最后，表述冗长，尤其是 12 个功能更为拗口。

根据上述的比较与分析，借鉴古今中外的园林成就，采撷诸家有关"园林"的共识，我们认为园林概念应该有广义和狭义之分。

从这个狭义角度看，我们赞成周维权先生的观点，并略加补充为：园林是在一定的地段范围内，利用、改造天然山水地貌或人工开辟山水地貌，结合建筑造型、小品艺术和动植物观赏，从而构成一个以视觉景观之美为主的游憩、居住环境。

从近、现代园林发展视角看，广义的园林是包括各类公园、城镇绿地系统、自然保护区在内，融自然风景与人文艺术于一体的为社会全体公众提供更加舒适、快乐、文明、健康的游憩娱乐环境。

二、园林的形成背景

园林是在一定自然条件和人文条件综合作用下形成的优美的景观艺术作品，而自然条件复杂多样，人文条件更是千奇百态。如果我们抛开各种独特的现象而从共性视角来看，园林的形成离不开大自然的造化、社会历史的发展和人们的精神需要三大背景。

（一）自然造化

伟大的自然具有移山填海之力，鬼斧神工之技，既为人类提供了花草树木、鱼虫鸟兽等多姿多彩的造园材料，又为人类创造了山林、河湖、峰峦、深谷、瀑布、热泉等壮丽秀美的景观，具有很高的观赏价值和艺术魅力，这就是所谓的自然美。自然美是不同国家、不同民族的园林艺术共同追求的东西，每个优秀的民族似乎都经过自然崇拜→自然模拟与利用→自然超越三个阶段，到达自然超越阶段时，具有本民族特色的园林也就完全形成了。

然而，各民族对自然美或自然造化的认识存在较显著的差异。西方传统观点认为，自然本身只是一种素材，只有借助艺术家的加工提炼，才能达到美的境界，而离开了艺术家的努力，自然不会成为艺术品，亦不能最大限度地展示其魅力。因此，西方观点认为整形灌木、修剪树木、几何式花坛等经过人工处理的"自然"，与真正的自然本身比较，是美的提炼和升华。

中国传统观点认为，自然本身就是美的化身，构成自然美的各个因子都是美的天使，如花木、虫鱼等是不能加以改变的，否则就破坏了天然、淳朴和野趣。但是，中国人尤其是中国文人观察自然因子或自然风景往往融入个人情怀，借物喻心，把抒写自然美的园林变成挥洒个人感情的园地。所以，中国园林讲究源于自然而高于自然，反映一种对自然美的高度凝练和概括，把人的情愫与自然美有机融合，以达到诗情画意的境界。而英国风景园林的形成也离不开英国人对自然造化的独特欣赏视角。他们认为大自然的造化美无与伦比，园林愈接近自然则愈达到真美境界。因此，刻意模仿自然、表现自然、再现自然、回归自然，然后使人从自然的琅嬛妙境中油然而生发万般情感。

可见，不同地域、不同民族的园林各以不同的方式利用着自然造化。自然造化形成的自然因子和自然物为园林形成提供了得天独厚的条件。

（二）社会历史发展

园林的出现是社会财富积累的反映，也是社会文明的标志。它必然与社会历史发展的一定阶段相联系；同时，社会历史的变迁也会促使园林种类的新陈代谢，推动新型园林的诞生。人类社会初期，人类主要以采集、渔猎为生，经常受到寒冷、饥饿、禽兽、疾病的威胁，生产力十分低下，当然不可能产生园林。直到原始农业出现，开始有了村落，附近有种植蔬菜、果园的园圃，有圈养驯化野兽的场所。

生产力进一步发展以后，财富不断地积累，出现了城市和集镇，又随着建筑技术、植物栽培、动物繁育技术以及文化艺术等人文条件的发展，园林经历了由萌芽到形成的漫长历史演变阶段，在长期发展中逐步形成了各种时代风格、民族风格和地域风格，如古埃及园林、古希腊园林、古巴比伦园林、古波斯园林等。

后来，随着社会的动荡、文化的变迁、思想的解放等社会历史的发展变化，各个民族和地域的园林类型、风格也随之变化。园林是时代发展的标志，是社会文明的标志，同时也随着社会历史的变迁而变迁，随着社会文明进步而发展。

（三）人们的精神需要

园林的形成离不开人们的精神追求，这种追求来自神话仙境，来自文艺浪漫，来自对现实田园生活的回归。

三、园林的性质与功能

（一）园林性质

园林性质有自然属性和社会属性之分。从社会属性看，古代园林是皇室贵族和高级僧侣们的奢侈品，是供少数富裕阶层游憩、享乐的花园或别墅庭园，唯有古希腊由于民主思想发达，不仅统治者、贵族有庭园，也出现过民众可享用的公共园林。近、现代园林是由政府主管的充分满足社会全体居民游憩娱乐需要的公共场所。园林的社会属性从私有性质到公有性质的转化，从为少数贵族享乐到为全体社会公众服务的转变，必然影响到园林的表现形式、风格特点和功能等方面的变革。

从自然属性看，无论古今中外，园林都是表现美、创造美、实现美、追求美的景观艺术环境。园林中浓郁的林冠、鲜艳的花朵、明媚的水体、动人的鸣禽、峻秀的山石、优美的建筑及栩栩如生的雕像艺术等，都是令人赏心悦目、流连忘返的艺术景观。园因景胜，景以园异。虽然各园的景观千差万别，但是都改变不了美的本质。

然而，由于自然条件和文化艺术的不同，各民族对园林美的认识有很大差异。欧洲古典园林以规则、整齐、有序的景观为美；英国自然风景式园林以原始、淳朴、逼真的自然景观为美；而中国园林追求自然山水与精神艺术美的和谐统一，使园林具有诗情画意之美。

（二）园林的功能

园林最初的功能和园林的起源密切相关。中国早期的园林"囿"，古埃及、古巴比伦时代的猎苑，都保留有人类采集渔猎时期的狩猎方式；当农业逐渐繁荣以后，中国秦汉宫苑、魏晋庄园和古希腊庭园、古波斯花园，除游憩、娱乐之外，仍然保留有蔬菜、果树等经济植物的经营方式；另外，田猎在古代的宫苑中一直风行不辍。随着人类文化的日益丰富，自然生态环境变迁和园林社会属性的变革，园林类型越来越多，功能亦不断消长变化。

回顾古今中外的园林类型，其功能主要有以下六点：

1. 狩猎（或称围猎）

主要是在郊野的皇室宫苑进行，供皇室成员观赏，兼有训练禁军的目的；此外还在贵族的庄园或山林进行。随着近、现代生态环境变化、保护野生动物意识增强，园林狩猎功能逐渐消失，仅在澳大利亚、新西兰的某些森林公园尚存田猎活动。

2. 游玩（或称游戏）

任何园林都有这一功能。中国人称为"游山玩水"，实际上与游览山水园林分不开；欧洲园林中的迷园，更是专门的游戏场所。

3. 观赏

对园林及其内部各景区、景点进行观览和欣赏，有静观与动观之分。静观是在一个景点（往往是制高点，或全园中心）观赏全园或部分景区；动观是一边游动一边观赏园景，无论是步行还是乘交通工具游园，都有时移景异、物换星移之感。另外，因观赏者的角度不同，会产生不同的感受，正所谓"横看成岭侧成峰，远近高低各不同"。

4. 休憩

古代园林中往往设有供园主、宾朋居住或休息的亭台楼阁；近、现代园林一般结合宾馆等设施，以接纳更多的游客，满足游人驻园游憩的需求。

5. 文体娱乐

古代园林就有很多娱乐项目，在中国有棋琴书画、龙舟竞渡、蹴鞠，甚至斗鸡走狗等活动；欧洲有骑马、射箭、斗牛等。近、现代园林为了更好地为公众服务，增加了文艺、体育等大型的娱乐活动。

6. 饮食

在以人为本思想的指导下，近、现代园林为了方便游客，或吸引招徕游客，增加了饮食服务，进一步拓展了园林的服务功能。然而，提供饮食场所并不意味着到处可以摆摊设点，那些有碍观瞻的场所和园林的发展是背道而驰的。

（三）园林基本要素

1. 建筑

中国园林建筑的特点是建筑散布于园林之中，使它具有双重的作用。除满足居住休息或游乐等需要外，它与山池、花木共同组成园景的构图中心，创造了丰富变化的空间环境和建筑艺术。

园林建筑有着不同的功能用途和取景特点，种类繁多。计成所著《园冶》中就有门楼、堂、斋、室、房、馆、楼、台、阁、亭、轩、卷、厂、廊14种之多。它们都是一座座独立的建筑，都有自己多样的形式，甚至本身就是一组组建筑构成的庭院，各有用处，各得其所。园景可以入室、进院、临窗、靠墙，可以在厅前、房后、楼侧、亭下，建筑与园林相互穿插、交融，你中有我、我中有你，不可分离。在欧洲园林和伊斯兰园林体系中，园林建筑往往作为园景的构图中心，园林建筑密集高大，讲究对称，装饰豪华，建筑造型和风格因时代和民族的不同而变化较大。

2. 山石

中国园林讲究无园不山，无山不石，早期利用天然山石，而后注重人工掇山技艺。掇山是中国造园的独特传统。其形象构思是取材于大自然中的真山，如峰、岩、峦、洞、穴、涧、坡等，然而它是造园家再创造的"假山"。堆石为山，叠石为峰，垒土为岛，莫不模拟自然山石峰峦。峭立者取黄山之势，玲珑者取桂林之秀，使人有虽在小天地，如临大自然的感受。

3. 水体

园林无水则枯，得水则活。理水与建筑气机相承，使得水无尽意，山容水色，意境幽深，形断意连，使人有绵延不尽之感。中国山水园林，都离不开山，更不可无水。我国山水园中的理水手法和意境，无不来源于自然风景中的江湖、溪涧、瀑布，源于自然，而又高于自然。在园景的组织方面，多以湖池为中心，辅以溪涧、水谷、瀑布，再配以山石、花木和亭、阁、轩、榭等园林建筑，形成明净的水面、峭拔的山石，精巧的亭、台、廊、榭，复以浓郁的林木，使得虚实、明暗、形体、空间协调，给人以清澈、幽静、开朗的感觉，又以庭院与小景区构成疏密、开敞和封闭的对比，形成园林空间中一幅幅优美的画面。园林中偶有半亩水面，天光云影，碧波游鱼，荷花睡莲，无疑为园林艺术增添无限生机。欧洲园林中的人工水景丰富多样，而以各种水喷为胜。

4. 植物

园林植物是指凡根、茎、叶、花、果、种子的形态、色泽、气味等方面有一定欣赏价值的植物，又称观赏植物。中国素有"世界园林之母"的盛誉，观赏植物资源十分丰富。《诗经》曾记载了梅、兰草、海棠等众多花卉树木。数千年来，人们通过引种、嫁接等栽培技术培育了无数芬芳绚烂、争奇斗艳的名花芳草秀木，把一座座园林打扮得万紫千红，格外娇美。园林中的树木花草，既是构成园林的重要因素，也是组成园景的重要部分。树木花草不仅是组成园景的重要题材，而且往往园林中的"景"有不少都以植物命名。

我国历代文人、画家，常把植物人格化，并从植物的形象、姿态、明暗、色彩、音响、色香等进入直接联想、回味、探求、思索的广阔余地中，产生某种情绪和境界，趣味无穷。在欧洲园林和伊斯兰园林中，有些园林植物早期被当作神灵加以顶礼膜拜，后期往往要整形修剪，排行成队，植坛整理成各种几何图案或动物形状，妙趣横生，令人赏心悦目。园林中的建筑与山石，是形态固定不变的实体，水体则是整体不动，局部流动的景观。植物则是随季节而变，随年龄而异的有生命物。植物的四季变化与生长发育，不仅使园林建筑空间形象在春、夏、秋、冬四季产生相应的变化，而且还可产生空间比例上的时间差异，使固定不变的静观建筑环境具有生动活泼、变化多样的季候感。此外，植物还可以起到协调建筑与周围环境的作用。

5. 动物

远古时代，人类祖先以渔猎为生，通过狩猎熟悉兽类的生活。进入农牧时代，人们驯养野兽，把一部分驯化为家畜，一部分圈养于山林中，供四季田猎和观赏，这便是最初的园林——囿，古巴比伦、埃及叫猎苑。秦汉以降，中国园林进入自然山水阶段，聆听虎啸猿啼，观赏鸟语花香，寄情于自然山水，是皇室贵族怡情取乐的生活需要，也是文人士大夫追求自然无为的仙境。欧洲中世纪的君主、贵族宫室和庄园中都会饲养许多珍禽异兽，阿拉伯国家中世纪宫室中亦圈养着大量动物。这些动物只是用来满足皇室贵族享乐或腐朽生活的宠物，一般平民是不能目睹的。直到资产阶级革命成功后，皇室和贵族曾经专有的动物开始为平民开放观赏，始有专门动物观赏区设立。古代园林与动物相伴相生，直到近代园林兴起后，才把它们真正分开。

四、园林类型

（一）按构园方式区分

构园方式主要是园林规划方式，以此区分为规则式、自然式、混合式三种类型。

1. 规则式

规则式又称整形式、建筑式、几何式、对称式园林，整个园林及各景区景点皆表现出人为控制下的几何图案美。园林题材的配合在构图上呈几何体形式，在平面规划上多依据一个中轴线，在整体布局中为前后左右对称。园地划分时多采用几何形体，其园线、园路多采用直线形；广场、水池、花坛多采取几何形体；植物栽植多采用对称式，株、行距明显均齐，花木整形修剪成一定图案，园内行道树整齐、端直、美观，有发达的林冠线。

2. 自然式

自然式园林题材的配合在平面规划或园地划分上随形而定，景以境出。园路多采用弯曲的弧线形；草地、水体等多采取起伏曲折的自然状貌；树木株距不等，栽植时丛、散、孤、片植并用，如同天然播种；畜养鸟兽虫鱼以增加天然野趣；掇山理水顺乎自然法则。这是一种全景式仿真自然或浓缩自然的构园方式。

3. 混合式

混合式是把规则式和自然式两种构园方式结合起来，扬长避短的造园方式。一般在园林及建筑物附近采用规则式，而在园林周围采用自然式。

（二）按园林功能区分

按园林功能可以划分为综合性园林、专门性园林、专题园林、纪念性园林、自然保护区园林等。

1. 综合性园林

综合性园林是指造园要素完整，景点丰富，游憩娱乐设施齐全的大型园林。如纽约中央公园、苏州拙政园等。

2. 专门性园林

专门性园林是指造园要素有所偏重，主要侧重于某一要素观赏的园林，如植物园、动物园、水景园、石林园等。

3. 专题园林

专题园林是指围绕某一文化专题建立的园林，如牡丹园、民俗园、体育园、博物园等。

4. 纪念性园林

纪念性园林是指为祭祀、纪念民族英雄或祖先之灵，参拜神庙等而建立的集纪念、怀古、凭吊和爱国主义教育于一体的园林。如埃及金字塔、明十三陵、孔林、武侯祠等。

5. 自然保护区园林

自然保护区园林是指为保护天然动植物群落、保护有特殊科研与观赏价值的自然景观和有特色的地质地貌而建立的各类自然保护区园林，可以有组织、有计划地向游人开放。如森林公园、沙漠公园、火山公园等。

此外，园林类型还可以按国别划分，如中国园林、英国园林、法国园林、日本园林、印度园林等，不胜枚举。

五、园林工程的基本概念

（一）园林工程的概念

园林绿化工程是建设风景园林绿地的工程。园林绿化是为人们提供一个良好的休息、文化娱乐、亲近大自然、满足人们回归自然愿望的场所，是保护生态环境、改善城市生活环境的重要措施。园林绿化泛指园林城市绿地和风景名胜区中涵盖园林建筑工程在内的环境建设工程，包括园林建筑工程、土方工程、园林筑山工程、园林理水工程、园林铺地工程、绿化工程等，它是应用工程技术来表现园林艺术，使地面上的工程构筑物和园林景观融为一体。

（二）园林工程的含义

城市绿化工程是园林建设的重要组成部分，是城市主体形象和城市特色最直接的体现，是一项重要的基础设施建设。它涉及的内容多样而复杂。与土木、建筑、市政、灯光及其他工程组合在一起，涉及美学、艺术、文学等相关领域，是一门涉及土壤学、植物学、造园学、栽培学、植物保护学、生态学、美学、管理学等学科的综合科学。

环境景观要素由园林建筑、山、水、绿化植物、道路、小品等构成。它们共同组成生活、商业、游憩、生产等不同的室外空间环境。植物作为绿化工程的主体，既结合在其他要素之中，不独立存在，又自成一体，为人们创造宜人、健康、优美的生活和工作环境，具有不可替代的重要作用。

广义地说，绿化工程研究范围包括：相关工程原理、种植设计、绿化工程施工技术、养护管理、施工组织和施工管理等几个部分，是使总体设计意图、设计方案转变成实际环境的一系列过程和技术。狭义地说，绿化工程是指树木、花卉、草坪、地被植物等植物种植工程。

六、园林工程的特点与分类

（一）园林工程的基本特点

园林工程实际上包含了一定的工程技术和艺术创造，是地形地物、石木花草、建筑小品、道路铺装等造园要素在特定地域内的艺术体现。因此，园林工程与其他工程相比具有其鲜明的特点。

1. 园林工程的艺术性

园林工程是一项综合景观工程，它虽然需要强大的技术支持，但又不同于一般的技术工程，而是一门艺术工程，涉及建筑、雕塑、造型、语言等多门艺术。

2. 园林工程的技术性

园林工程是一门技术性很强的综合性工程，它涉及土建施工技术、园路铺装技术、苗木种植技术、假山叠造技术及装饰装修、油漆彩绘等诸多技术。

3. 园林工程的综合性

园林作为一门综合艺术，在进行园林产品的创作时，所要求的技术无疑是复杂的。随着园林工程日趋大型化，协同作业、多方配合的特点日益突出；同时，随着新材料、新技术、新工艺、新方法的广泛应用，园林各要素的施工更注重技术的综合性。

4. 园林工程的时空性

园林实际上是一种五维艺术，除了其空间特性，还有时间性以及造园人的思想情感。园林工程在不同的地域，空间性的表现形式各异。园林工程的时间性，则主要体现于植物景观上，即常说的生物性。

5. 园林工程的安全性

"安全第一，景观第二"是园林创作的基本原则。对园林景观建设中的景石假山、水景驳岸、供电防火、设备安装、大树移植、建筑结构、索道滑道等均须格外注意。

6. 园林工程的后续性

园林工程的后续性主要表现在两个方面：一是园林工程各施工要素有着极强的工序性；二是园林作品不是一朝一夕就可以完全体现景观设计最终理念的，必须经过较长时间才能显示其设计效果。因此，项目施工结束并不等于作品已经完成。

7. 园林工程的体验性

提出园林工程的体验特点是时代要求，是欣赏主体——人的心理美感的要求，是现代园林工程以人为本最直接的体现。人的体验是一种特有的心理活动，实质上是将人融入园林作品之中，通过自身的体验得到全面的心理感受。园林工程正是给人们提供这种心理感受的场所，这种审美追求对园林工作者提出了很高的要求，即要求园林工程中的各个要素都做到完美无缺。

8. 园林工程的生态性与可持续性

园林工程与景观生态环境密切相关。如果项目能按照生态环境学理论和要求进行设计和施工，保证建成后各种设计要素对环境不造成破坏，能反映一定的生态景观，体现出可持续发展的理念，就是比较好的项目。

（二）园林工程的分类

园林工程的分类多是按照工程技术要素进行的，方法也有很多，其中按园林工程概、预算定额的方法划分是比较合理的，也比较符合工程项目管理的要求。按照这一方法将园林工程划分为三类工程：单项园林工程、单位园林工程和分部园林工程。

单项园林工程是根据园林工程建设的内容来划分的，主要定为三类：园林建筑工程、园林构筑工程和园林绿化工程。其中园林建筑工程可分为亭、廊、榭、花架等建筑工程；园林构筑工程可分为筑山、水体、道路、小品、花池等工程；园林绿化工程可分为道路绿化、行道树移植、庭园绿化、绿化养护等工程。

单位园林工程是在单项园林工程的基础上将园林的个体要素划归为相应的单项园林工程。

分部园林工程通过工程技术要素划分为土方工程、基础工程、砌筑工程、混凝土工程、装饰工程、栽植工程、绿化养护工程等。

第二节　中西方园林的美学观念

一、中国园林的美学观

（一）中国园林的审美观

中国园林审美观的确立大约可追溯到魏晋南北朝时代，特定的历史条件迫使士大夫阶层淡漠政治寄情于山水，并从湖光山色蕴含的自然美中抒发情感。这就使中国的造园带有很大的随机性和偶然性，他们所追求的是诗画一样的境界。如果说造园主也十分注重造景的话，那么它的素材、原形、源泉、灵感等就是在大自然中去发现和感受，从而越符合自然天性的东西便包含越丰富的意蕴。纵观布局变化万千，整体和局部之间也没有严格的从属关系，结构松散，以致没有什么规律性。正所谓"造园无成法"。甚至许多景观却有意识地藏而不露，"曲径通幽处，禅房草木生"，"山穷水复疑无路，柳暗花明又一村"，这都是极富诗意的意境。

意境是要靠"悟"才能获取，而"悟"是一种心智活动，"景无情不发，情无景不生"。因此，造园的经营要旨就是追求意境。中国园林虽从形式和风格上看属于自然山水园，但决非简单地再现或模仿自然，而是在深切领悟自然美的基础上加以概括和总结。明明是自然人工造山、造水、造园，却又要借花鸟虫鱼、奇山瘦水，制造出"宛若天开，浑如天成"的局面。这种创造是顺应自然并更加深刻地表现自然，从而达到寄情、寄理、寄志于自然的目的。

（二）中国园林中的"情""景"交融之美

中国人在追求自然美的过程中，总喜欢把客观的"景"与主观的"情"联系起来，把自我也摆到自然环境之中，物我交融为一，从而在创造中充分地表达自己的思想情感，准确抓住自然美的净化，并加以再现。将人的情感融汇于自然并强调人在自然环境中的地位，此所谓天与人合二为一。这种天人合一的传统文化理念，对中国园林影响深远；这种崇尚自然的思想潮流，对园林艺术的发展起到了积极的推动作用，许多文人墨客以寄情于山水为高雅，把诗情画意融合于园林之中。对于建在郊外的规模较大的园林则注意保留天然的"真意"和"野趣"，"随山依水"地建造园林；对于位于城市中的规模较小的园林则注重用集中、提炼、概括的手法来塑造大自然的美景，使其源于自然而高于自然。

"情融于景，景融于情"反映了中国人在造园中的传统哲学思想和审美追求。中国人崇尚自然，造园之时以情入景，以景寓情，观赏之时则触景生情，把自己当作自然环境的一部分。因此，中国园林就是把自然的美与人工的美高度结合起来的环境空间产物。

（三）中国园林中的意境美

1. 意境的内涵

意境，是内心情感、哲理体验及其形象联想的最大限度的凝聚物，又是欣赏者在联想与想象中最大限度驰骋的再创造过程。

意境是中国艺术创作的最高追求，是中国古典美学中经久不衰的命题。作为中国古典文化的一部分，园林也是把意境的创造作为最高的追求。中国园林追求诗的意蕴，画的意境，处处体现一种诗情画意。园林中的意境能引发人们的深思、联想，把物境与心境糅合在一起，情景交融，物我共化。

中国古典园林以写意的手法再现对自然山水的感受，游人置身园林中，产生触景生情、寓情于景、情景交融的心理活动。同时，意境也是有时节性的，往往最佳状态的出现是短暂的，但又是不朽的，即《园冶》中所谓"一鉴能为，千秋不朽"。如杭州的"平湖秋月""断桥残雪"，扬州的"四桥烟雨"等，只有在特定的季节、时间和特定的气候条件下，才能充分发挥其感染力的最佳状态。这些主题意境最佳状态的出现，从时间上来说虽然短暂，但受到千秋赞赏。

2. 园林中意境的体现

古人造园植木，善寓意造景，选用花木常与比拟、寓意联系在一起，如松的苍劲、竹的潇洒、海棠的娇艳、杨柳的多姿、蜡梅的傲雪、芍药的尊贵、牡丹的富华、莲荷的如意、兰草的典雅等。古人特善于利用植物的形态和季相变化，表达人的一定的思想感情或形容某一意境，如"岁寒而知松柏之后凋"，表示坚贞不渝；"留得残荷听雨声""夜雨芭蕉"，表示宁静的气氛；海棠，为棠棣之华，象征兄弟和睦之意；枇杷则产生"树繁碧玉叶，柯叠黄金丸"；石榴花则"浓绿万枝红一点，动人春色不须多"。树木的选用也有其规律："庭园中无松，无疑是画龙而不点睛也。"南方杉木栽植房前屋后，"门前杉径深，屋后杉色奇"。利用树木本身特色"槐荫当庭"；"院广梧桐"，梧桐皮青如翠，叶缺如花，妍雅华净，赏心悦目。

（1）从物境到意境

通过形式美感的营造直接以物境塑造意境。山自无言水自无语，然而山水无情人有情，中国文化历来精于托物言志，如用蓬莱、瀛州、方丈三山表达对神仙的向往，北海、颐和园、西湖都在湖中置岛模拟仙山；用松、梅、竹来表达文人的品行高洁。而古典园林中对孤赏置石的品鉴和运用，堪称用物境的形式美营造意境美的典范。园林的名题如匾额、楹联等也是从物境到意境的重要表达手法。

（2）从意境到意境

预先设定园林的意境，通过对物境形式美的营造达成意境的展现。文人雅士们为表达自己大隐于市，却依然意在朝廷的志愿，常常筑园结庐，广结同类以造声势。如沧浪亭、拙政园都是因意筑景，以景引意，意得于境的营建过程。古典园林还擅长巧妙地运用缩影来完成从意境到意境的表达方式。

（3）缩影

园林通过模拟实物景观或神话传说等理想境界表达个人志趣和对美好生活的遐思、移情、憧憬。缩影是从意境到意境的特例，同样是因意筑景、以景引意、意得于境的过程。特别的是缩影的"意"来源于真实存在的景观、自然风光，或者是有据可查、有源可究的历史文化遗存。缩影也要求造园之先预设定好主题，要造好山水，只有当山水"神之于心、视境于心、莹然掌中、了然境象"的物境意象成竹在胸后，才能设计建造得出可以产生悠远意境的优秀山水园林。

因此，缩影不是对自然的简单拷贝，而是从蕴含深刻的历史、文化底蕴的美好意象中提炼、加工的具象形式表现，是"形未成而意先生"的形式美和意象美的整合，超出形式美的物境之上，是对意象美的传达和再现。

（四）中国园林中的自然美

中国园林讲究在园林中再现自然，"出于自然，高于自然"是中国古典园林的一个典型特征。以中国园林中的"叠山""弄水"为例，园林中的"叠山"是模拟真山的全貌，或截取真山的一角，以较小的幅度营造峰、峦、岭、谷、悬岩、峭壁等形象。从它们堆叠的章法和构图上可以看到对天然山体规律的概括和提炼。园林中假山都是真实山体的抽象化、典型化；园林中各种水体也是自然界中河、湖、海、池、溪、涧、泉、瀑等的抽象概括，根据园内地势和水源的具体情况，或大或小，或曲或直，或静或动，用山石点缀岸矶，堆岛筑桥，以营造出一种岸曲水洞，似分还连的意境。在有限的空间里尽量模仿天然水景的全貌，这就是"一勺则江湖万里"的立意。

崇尚自然的思想在中国园林中首先表现为中国人特殊的审美情趣。平和自然的美学原则，虽然一方面是基于人性的尺度，但与崇尚自然的思想也是密不可分的。例如，造园的要旨就是"借景"。"园外有景妙在'借'，景外有景在于'时'，花影、树影、云影、风声、鸟语、花香、无形之景，有形之景，交织成曲。"可见，中国传统园林正是巧于斯，妙于斯。明明是人工造山、造水、造园，却又要借自然界的花鸟虫鱼、奇山瘦水，制造出"宛若天开，浑如天成"之局面。

中国园林虽从形式和风格上看属于自然山水园，但决非简单的再现或模仿自然，而是在深切领悟自然美的基础上加以萃取、抽象、概括、典型化。这种创造却不违背自然的天性，恰恰相反，是顺应自然并更加深刻地表现自然。中国园林十分崇尚自然美，把它作为判断园林水平的依据。造园者最爱听的评价就是"有若自然"，最担心的评价是人工化、匠气。

（五）中国园林中的含蕴、深邃、虚幻、虚实共生之美

中国造园讲究的是含蓄、虚幻、含而不露、言外之意、弦外之音，使人们置身其内有扑朔迷离和不可穷尽的幻觉，这自然是中国人的审美习惯和观念使然；如果说它注重造景的话，那么它的素材、灵感只能到大自然中去发掘，越是符合自然天性的东西便越包含丰富的意蕴。和西方人不同，中国人认识事物多借助直接的体认，认为直觉并非感官的直接反应，而是一种心智活动，一种内在经验的升华，不可能用推理的方法求得。中国园林的造景借鉴诗词、绘画，力求含蓄、深沉、虚幻，并借以求得大中见小，小中见大，虚中有实，实中有虚，或藏或露，或浅或深，从而把许多全然对立的因素交织融汇，浑然一体，而无明晰可言；相反，则处处使人感到朦胧、含混。

二、西方园林的美学观

（一）西方园林中的形式美

西方人认为造园要达到完美的境地，必须凭借某种理念去提升自然美，从而达到艺术美的高度，也就是一种形式美。因而，西方造园家刻意追求几何图案美，园林中必然呈现出一种几何制的关系，诸如轴线对称、均衡以及确定的几何形状，如直线、正方形、圆、三角形等的广泛应用。尽管组合变化可以多种多样千变万化，仍有规律可循。西方造园既然刻意追求形式美，就不可能违反形式美的法则，因此，园内的各组成要素都不能脱离整体，而必须以某种确定的形状和大小镶嵌在某个确定的部位，于是便显现出一种符合规律的必然性。

（二）西方园林中的人工美

西方美学著作中虽也提到自然美，但他们认为自然美本身是有缺陷的，非经过人工的改造，便达不到完美的境地，也就是说自然美本身并不具备独立的审美意义。任何自然界

的事物都是自在的，没有自觉的心灵灌注生命和主题观念性的统一于一些差异并立的部分，因而便见不到理想美的特征。所以自然美必然存在缺陷，不可能升华为艺术美。而园林是人工创造的，理应按照人的意志加以改造，才能达到完美的境地。

从现象看西方造园主要是立足用人工方法改变其自然状态。西方园林造园材质从砖石到植物大都经过人力加工成理想的形状，突出了人对自然的改造，用规整的阵列和几何形状作为基本的造园布局，加上地广人稀的生存模式，使得西式园林整体上在中轴对称控制下呈现出开阔的视野与恢宏的气势。西式园林注重外在几何秩序形式美感的同时，更注重园林的功能性，以人为本，很早就有了功能明确的剧场、廊架、迷园、泳池等户外娱乐游憩场所，充分体现人类活动一切为人服务的世界观。

（三）西方园林中的清晰明确、井然有序之美

西方园林主次分明，重点突出，各部分关系明确、肯定，边界和空间范围一目了然，空间序列段落分明，给人以秩序井然和清晰明确的印象。遵循形式美的法则显示出一种规律性和必然性，而但凡规律性的东西都会给人以清晰的秩序感。另外，西方人擅长逻辑思维，对事物习惯于用分析的方法以揭示其本质，这种社会意识形态大大影响了人们的审美习惯和观念。

第二章 园林土石方工程设计与施工

第一节 竖向设计基础知识

一、竖向设计的相关概念

（一）园林地形和园林微地形

园林地形是指园林绿地中地表面各种起伏状况的地貌。在规则式园林中，地形一般表现为不同标高的地坪、层次；在自然式园林中，往往因为地形的起伏，形成平原、丘陵、山峰、盆地等地貌。

园林微地形是指一定园林绿地范围内植物种植地的起伏状况。在造园工程中，合适的微地形处理有利于丰富造园要素、形成景观层次、达到加强园林艺术性和改善生态环境的目的。

（二）园林地貌和地物

园林地貌是指园林用地范围内的峰、坡、谷、湖、潭、溪、瀑等山水地形外貌。地貌是园林的骨架，是整个园林赖以存在的基础。地物是指地表面上的固定性物体（包括自然形成和人工建造的），如居民点、道路、江河、树林和建筑物等。

（三）等高线

等高线是一组垂直间距相等、平行于水平面的假想面，与自然地貌相切所得到的交点在平面上的投影，给这组投影线标注上数值，便可用它在图样上表示地形的高低陡缓、峰峦位置、坡谷走向及溪地的深度等内容。

二、竖向设计的内容和步骤

竖向设计又称为地形设计，是对原有地形、地貌进行工程结构和艺术造型的改造设计，最终绘制竖向设计图。在造园过程中，原地形通常不能完全满足造园的要求，所以，在充分利用原地形的情况下必须进行适当的改造。

竖向设计图是根据设计平面图及原地形图绘制的地形详图，借助标注高程的方法，表示地形在竖直方向上的变化情况及各造园要素之间位置高低的相互关系，主要体现园林地形、地貌、建筑物、植物和园林道路系统的高程等内容。

竖向设计的任务就是从最大限度地发挥园林的综合能力出发，统筹安排园内各种景点、设施和地貌景观之间的关系，使地上设施和地下设施之间、山水之间、园内与园外之间在高程上有合理的关系。

园林地形骨架的"塑造"，山水布局，峰、峦、坡、谷、河、湖、泉、瀑等地貌小品的设置，它们之间的相对位置、高低、大小、比例、尺度、外观形态、坡度的控制和高程关系等都要通过竖向设计来解决。

（一）竖向设计内容

园林竖向设计的内容有以下几种：

1. 园路、广场、桥涵和其他铺装场地的设计

图纸上应以设计等高线表示出道路（或广场）的纵横坡和坡向、道桥连接处及桥面标高。在小比例图纸中则用变坡点标高来表示园路的坡度和坡向。

在寒冷地区，冬季冰冻、多积雪。为安全起见，广场的纵坡应小于7%，横坡不大于2%；停车场的最大坡度不大于2.5%；一般园路的坡度不应超过8%。超过此值应设台阶，台阶应集中设置。为了游人行走安全，避免设置单级台阶。另外，为方便伤残人员使用轮椅和游人推童车游园，在设置台阶处应附设坡道。

2. 建筑和建筑小品的设计

建筑和建筑小品（如纪念碑、雕塑等）应标出其地坪标高及其与周围环境的高程关系。例如，在水边上的建筑或建筑小品，则要标明其与水体的关系。

3. 植物种植在高程上的要求

在园林设计过程中，园林中可能会有些有保留价值的老树，其周围的地形设计如须增高或降低，应在图纸上标注出保护老树的范围、地面标高和适当的工程措施。

植物对地下环境会很敏感，有的耐水，有的不耐水，例如，雪松等植物应与不同树种创造不同的生活环境。不同水生植物对水深有不同要求，例如，荷花应生活于水深0.6～1.0 m的水中。

4. 排水设计

在地形设计的同时要考虑地面水的排出，一般规定无铺装地面的最小排水坡度为 1%，而铺装地面则为 5%，但这只是参考限值，具体设计还要根据土壤性质和汇水区的大小、植被情况等因素而定。

5. 管道综合设计

园内各种管道（如供水、排水、供暖及煤气管道等）的布置，难免有些地方会出现交叉，在设计上就必须按一定原则，统筹安排各种管道交会时相互之间的高程关系，以及它们和地面上的构筑物或园内乔灌木的关系。

（二）竖向设计的步骤

竖向设计就是合理地选择、确定建设用地的地面形式和场地排水方案，在满足平面布局要求的同时，确定建设场地各部分的高程标高关系等，使之适应使用功能要求，达到工程量少、投资省、建设速度快、综合效益佳的效果。竖向设计的步骤包括五个阶段：

1. 进行场地地面的竖向布置

选择场地竖向布置方式，确定是按平坡式、台阶式还是混合式，人工地合理确定各部分的标高，力求减少土方量，并满足使用功能和建筑、道路等的布置要求，使场地内外能够相互衔接，并满足场地自然排水要求的坡度。

2. 确定建（构）筑物的高程

建（构）筑物与露天台、场、仓库的室内标高，一般是场地的最高点；道路、铁路、排水沟（渠）等的控制点标高，一般是场地的最低点。

3. 拟订场地排水方案

为了保证地面雨水的顺利排出，须拟订场地的排水方案，一般是建筑室外四角向场地外缘排水，点应高于洪水水位 0.5 m。

4. 确定土方平整方案

确定土方平整方案，计算填挖土方工程量，选定弃土和取土的地点。

5. 有关构筑物的设计

确定建设场地内由于挖方工程和填方工程等而必须建造的工程构筑物，如护坡、挡土墙、散水坡以及排水沟等，进行有关构筑物的具体设计。

三、竖向设计的原则

竖向设计应与园林总体设计同时进行，处理好自然地形和园林中各单项园林工程间的空间关系。竖向设计原则主要包括以下几个方面：

一是满足建（构）筑物的使用功能要求。

二是结合自然地形减少土方量，同时综合考虑土方平衡、边坡支护方案；边坡支护方案要考虑建筑与道路的关系。

三是满足道路布局合理的技术要求。

四是解决场地排水问题。

五是满足工程建设与使用的地质、水文等要求。

六是满足建筑基础埋深、工程管线敷设的要求。

七是重点考虑内部重点部位，如中心区域和主入口的设计等。

八是尽量能做到无障碍设计。

九是兼顾实用与造景。用地的功能性质决定了用地的类型，不同类型、不同使用功能的园林用地对地形的要求各异。例如，公园中用于游人活动的区域，地形不应变化过于强烈，建筑应建在平地地形，以便开展大量游人短期集散的活动，建筑应建在平地地形；水体用地则要调整好水底标高、水面标高和岸边标高；园路用地则应依山随势，灵活掌握，控制好最大纵坡、最小排水坡度等关键的地形要素。

十是坚持节约原则，降低工程费用。

第二节　地形设计

一、等高线法地形设计

（一）相关知识

1. 等高线法介绍

丘陵、低山区进行园林竖向设计时，大多采用等高线法。这种方法能够比较完整地将任何一个设计用地或一条道路与原来的自然地貌做比较，随时一目了然地判别出设计的地面或路面的挖填方情况。用设计等高线和原地形的自然等高线，可以在图上表示地形被改动的情况。绘图时，设计等高线用细实线绘制，自然等高线用细虚线绘制。在竖向设计图中，设计等高线低于自然等高线之处为挖方，设计等高线高于自然等高线处为填方。

等高线法是指用相互等距的水平面切割地形，所得的平面与地形的交线按一定比例缩小，垂直投影到水平面上得到水平投影图来表示设计地形的方法。水平投影图上标注高程，称为一组等高线。

2. 等高线特点

地面上高程（或标高）相同的各点所连接成的闭合曲线称为等高线。在图上用等高线能反映出地面高低起伏变化的形态。等高线有以下特点：

（1）同一等高线上各点高程相等。

（2）每一条等高线是闭合的曲线。

（3）等高线水平间距的大小能表示地形的缓或陡，疏则缓，密则陡。等高线间距相同，表示地面坡度一致。

（4）等高线一般不相交、重叠或合并，只有在悬崖、峭壁或挡土墙、驳岸处等高线才会重合。

（5）等高线一般不能随意横穿河流、峡谷、堤岸和道路等。

（二）等高线法地形设计的应用

1. 陡坡变缓或缓坡变陡

在高差不变的情况下，通过改变等高线间距可以减缓或增加地形的坡度。

2. 垫平沟谷

在园林土方工程中，有些沟谷地段须垫平。对垫平这类地段进行设计时，一般将设计等高线与拟垫平部分的同值等高线连接。其连接点就是不挖不填的点，称为"零点"；这些相邻零点的连线，称为"零点线"；其所围的区域就是垫土范围。

3. 削平山脊

将山脊削平的设计方法和垫平沟谷的设计方法相同，只是设计等高线所切割的原地形等高线方向与垫平沟谷相反。

4. 平整场地

园林中的场地主要包括铺装广场、建筑地坪、草坪、文体活动场地等。各种场地因使用功能不同，对排水坡度的要求也不同。非铺装场地对坡度要求不那么严格，其目的是垫洼平凸，使地表坡度顺其自然，排水通畅即可。铺装场地对坡度要求较严格，往往采用规则的坡面，可以是单面坡、两面坡和四面坡，坡面上纵、横坡度保持一致。

（三）地形设计图的绘制要求

1. 绘制等高线

根据地形设计选定等高距，然后用细实线画出设计地形等高线，用细虚线画出原地形等高线。等高线上应标注高程，高程数字处的等高线应断开，高程数字的字头应朝向山头，数字要排列整齐。周围平整的地面（或者说相对零点）高程为±0.00；高于地面为正，其数字前的"+"号可省略；低于地面为负，数字前应注写"−"号。高程单位为 m，要求保留两位小数。

对于水体，用特粗实线表示水体边界线（驳岸线）。当湖底为平面时，用标高符号标注湖底高程，标高符号下面应加画短横线和45°斜线表示湖底；当湖底为缓坡时，用细实线绘出湖底等高线，同时均须标注高程，并在标注高程数字处将等高线断开。

2. 标注建筑、山石、道路高程

将设计平面图中的建筑、山石、道路、广场等园林组成要素按水平投影轮廓绘制到地形设计图中，其中建筑用中实线，山石用粗实线，广场、道路用细实线。

具体的标注要求建筑应标注室内地坪标高，以箭头指向所在位置；山石用标高符号标注最高部位的标高；道路高程一般标注在交叉、转向、变坡处，标注位置用圆点表示，圆点上方标注高程数字。

3. 标注排水方向

根据坡度用单箭头标注雨水的排出方向。

4. 绘制方格网

为了便于施工放线，地形设计图中应设置方格网。设置时尽可能使方格的某一边落在某一固定建筑设施边线上（目的是便于将方格网测设到施工现场），方格网的边长可根据需要设置为 5 m、10 m、20 m 等，其比例应与图中比例保持一致。方格网应按顺序编号，纵向自下而上，用拉丁字母编号，并按测量基准点的坐标，标注出纵横第一网格坐标。

5. 局部断面图

必要时，可绘制出某一剖面的断面图，以便直观地表达该剖面上竖向变化情况。

二、断面法地形设计

（一）断面法的定义

断面法是指用许多断面表达设计地形以及原有地形状况的方法。断面法表示地形按比例在纵向和横向的变化。这种方法立体感强，层次清楚，同时还能体现地形上地物的相对位置和室内外标高的关系；特别是对植物分布及林木空间轮廓、垂直空间内地面上不同界面处理效果（如水体岸形变化等）表现得很充分。

（二）断面法的表示方法

断面法的关键在于断面的取法，断面一般根据用地主要轴线方向，或地形图绘制的方格网线方向选取，其纵向坐标为地形与断面交线各点的标高，横向坐标为地形水平长度。在各式断面上也可同时表示原地形轮廓线（用虚线表示）。

（三）断面法注意的问题

采用断面法设计地形竖向变化时，如对尺寸把握不准或者空间感不强，会使图面变化不能很好地反映设计效果。同时，对立面上要反映的地物，如树木、建筑物、雕塑、山石等要能表现出来；对于水体的表现要到位，如须上色时，色彩运用避免过杂不简明。

（四）道路地形断面设计要点

一是纵断面地形设计应参照城市规划控制标高并适应临街建筑立面布置及沿路范围内地面水的排出。

二是为保证行车安全、舒适，纵坡应缓顺，起伏地形不应频繁。

三是山城道路纵断面设计应综合考虑土石方平衡、汽车运营经济效益等因素，合理确定路面设计标高。

四是机动车与非机动车混合行驶的车行道，应按非机动车爬坡能力设计纵坡度。

五是山城道路应控制平均纵坡度。越岭路段的相对高差为 200~500 m 时，平均纵坡度应采用 4.5%；相对高差大于 500 m 时，平均纵坡度应采用 4%；任意连续 3000 m 长度范围内的平均纵坡度不应大于 4.5%。

（五）山体地形断面设计要点

一是山与水形成立面方向上的对比，地形空间开合对比，山体受光面与背光面的光线明暗对比，山体曲线的曲直对比，山体远近的虚实对比，远山近水的动静对比，地形上的材质对比。这些对比给人们带来丰富的视觉感受，使山地景观比平原景观具有更加丰富的层次和悦人的景色。

二是地势地形有高有低、有曲有直、有隐有显、起伏变化，自然空间层次丰富，空间环境存在仰视、俯视等特殊的视觉效应，构成了山地不同于其他地形条件的空间层次。

三是山体地形一般处于真山真水之中，一个优秀的秩序组织会使原本杂乱无章的自然环境空间变为节奏明晰、景观丰富、曲折动人、趣味无限、完整的景观秩序。景观秩序的建立要遵循相应的艺术原则。

第三节　土石方工程施工

任何建筑物、构筑物、道路及广场等工程的修建，都要在地面做一定的基础，挖掘基坑、路槽等，这些工程都是从土方工程施工开始的。在园林中对地形的利用、改造或穿凿，如挖湖堆山，平整场地都要依靠土方工程来完成。土方工程在园林建设中是一项大工程，而且在造园工程中它又是先行的项目。土方工程完成的速度和质量，直接影响后续工程，所以它和整个建设工程的进度关系密切。土方工程的投资和工程量一般都很大，有的大工程施工期很长。

一、土的相关知识

（一）土的工程性质

土方工程上所指的土，不同于农业土壤，但土壤的工程性质对土方施工有很大的影响。就园林工程而言，对土方施工影响较大的土壤性质主要有土壤的容重、含水量、自然安息角、密实度和可松性等几种物理性质。

1. 土壤容重

土壤容重是指单位体积内天然状况下的土壤质量，单位为 kg/m^3。土壤容重可以作为土壤坚实度的指标之一，同等质地条件下，容重小的，土壤疏松；容重大的，土壤坚实。土壤容重大小直接影响土方施工的难易程度，容重越大挖掘越难。

2. 土壤含水量

土壤含水量是指土壤孔隙中水的质量占土壤干土质量的百分数。土壤含水量小于5%称为干土，在5%~30%之间称为潮土，大于30%称为湿土。土壤含水量过小或过大，对土方施工都有直接影响。过小，则土质坚实，不易挖掘；过大，则土质泥泞，也不利于施工。

3. 土壤的自然倾斜角

土壤的自然倾斜角（自然安息角）是指土壤自然堆积，经沉落稳定后的表面与地平面所形成的最大夹角，常用 α 表示。

（二）土的工程分类

土的工程分类方法较多，在实际工作中，常按土的坚硬程度及开挖的难易程度将土分为八类，如表 2-1 所示。

表 2-1 土的工程分类

土的分类	土的级别	土的名称	坚实系数	容重/(t/m³)	开挖方法及工具
一类土 （松软土）	I	沙土、粉土、冲击沙土层、疏松的种植土、淤泥（泥炭）	0.5~0.6	0.6~1.5	用铁锹、锄头挖掘，少许用脚蹬
二类土 （普通土）	II	粉质黏土，潮湿的黄土，夹有碎石、卵石的沙、粉土混卵(碎)石，种植土，回填土	0.6~0.8	1.1~1.6	用铁锹、锄头挖掘，少许用镐翻松
三类土 （坚土）	III	软及中等密实黏土，重粉质黏土、砾石土，干黄土，含有碎石、卵石的黄土，粉质黏土，压实的填土	0.8~1.0	1.75~1.9	主要用镐，少许用铁锹、锄头挖掘，部分用撬棍
四类土 （砂砾坚土）	IV	坚硬密实的黏性土或黄土，含碎石、卵石的中等密实黏性土或黄土，粗卵石，天然级配砂石，软泥灰岩	1.0~1.5	1.9	先用镐、撬棍挖掘，然后用锹挖掘，部分用楔子及大锤
五类土 （软石）	V~VI	硬质黏土，中密的页岩、泥灰岩、白垩土，胶结不紧的砾岩，软石类及贝壳石灰石	1.5~4.0	1.1~2.7	用镐、撬棍或大锤挖掘，部分使用爆破方法开挖
六类土 （次坚石）	VII~IX	泥岩、砂岩、砾岩，坚实的页岩、泥灰岩、密实的石灰岩，风化花岗岩、片麻岩及正长岩	4.0~10.0	2.2~2.9	用爆破方法开挖，部分用风镐
七类土 （坚石）	X~XIII	大理石，辉绿岩、玢岩，粗、中粒花岗岩，坚实的白云岩、砂岩、砾岩、片麻岩、石灰岩，微风化安山岩，玄武岩	10.0~18.0	2.5~3.1	用爆破方法开挖

土的分类	土的级别	土的名称	坚实系数	容重/(t/m³)	开挖方法及工具
八类土 （特坚石）	ⅩⅣ～ⅩⅥ	安山岩，玄武岩，花岗片麻岩，坚实的细粒花岗岩、闪长岩、石英岩、辉长岩、辉绿岩、玲岩、角闪岩	18.0～25.0	2.7～3.3	用爆破方法开挖

注：①土的级别为相当于一般16级土石分类级别；

②坚实系数相当于普氏岩石强度系数。

二、土方工程施工步骤

（一）准备工作

1. 准备机具、材料及人员

对挖土、运输等工程机械及辅助设备进行维修检查，并将其运至施工地点就位；准备好施工及工程所需用料，将其按施工平面图所指位置堆放；组织并配备各项专业技术人员、管理人员和技术工人，安排好作业班次，制定较完善的技术岗位责任制。

2. 清理现场障碍物

（1）场地树木清理。土方开挖深度不大于50 cm，或填方高度较小的土方施工时，现场及排水沟中的树木必须连根拔除，对有利用价值的速生乔木、花灌木等，在挖掘时不要伤害其根系，可以尽快假植，以便再栽植利用。应清理的树墩除用人工挖掘外，直径在50 cm以上的大树墩可用推土机铲除或用爆破法清除。

（2）拆除建筑物和地下构筑物。建筑物及构筑物的拆除，应根据其结构特点进行工作，并遵照《建筑工程安全技术规范》的有关规定进行操作。

（3）管线及其他异常物体清理。如果发现施工场地内的地面、地下有管线或其他异常物体时，应事先请有关部门协同查清，未查清前不可动工，以免发生危险或造成其他损失。

3. 排除地面积水及地下水

（1）排除地面积水。在施工前，根据施工区地形特点，在场地周围挖好排水沟。如在山地施工时，为防山洪，应在山坡上方做截洪沟，可将地面水排到低洼处，再用水泵排走。

（2）排除地下水。排除地下水的方法很多，因为明沟及临时水管较简单经济，便于实施，故一般多采用明沟和临时水管排水，将水引至集水井，并用水泵排出。

（二）定点放线

定点放线是一项非常重要的工作，为充分表达设计意图，测设时应尽量精确。

1. 平整场地放线

用经纬仪将图纸上的方格测设到地面上，方格规格一般为 10m×10 m 或 20 m×20 m，在每个方格角点处立木桩，木桩一侧标出桩号（同图上方格网的编号），另一侧标出施工标高。

2. 山体放线

山体放线是先在施工图上设置方格网，再把方格网测设到地面上，然后将设计地形等高线和方格网的交点依次标到地面上并打木桩，木桩上同样标明桩号和施工标高。

根据山体的高度情况，可选择不同方法立桩：当山体高度在 5 m 以下时，可采用一次性立桩；当山体高度在 5 m 以上时，可采用分层放样，分层设桩。

3. 水体放线

水体放线与山体放线基本相同，由于池底常年隐没在水下，挖深四周一般基本一致，因此，放线可以粗放一些。岸线和岸坡的定点放线应准确，因为它不仅是水上造景部分，而且还和水体岸坡的工程稳定性有很大关系。为了精确施工，可用边坡样板控制边坡坡度。

（三）土方施工

1. 土方开挖

（1）人力施工。人力施工主要使用的工具有锹、镐、钢钎等，适用于小范围整地及边坡的挖方工程。挖土由上而下，逐层进行，不得先挖坡脚以防坍塌。为了保证人员安全，每人应有 4~6 m² 的工作面积，两人的操作间距应大于 2.5 m；在坡上施工者，要注意坡下情况，不得向坡下滚落重物。

（2）机械施工。机械施工主要使用推土机、挖掘机等，在园林施工中应用广泛，适用于挖湖堆山等土方工程。机械施工时注意以下几方面问题：

①在动工前，技术人员结合图纸向推土机手介绍施工地段的地形情况及设计地形的特点；另外，推土机手还要到实地勘查，了解实地定点放线情况，如桩位、施工标高等。

②在挖湖堆山时，应先用推土机将施工地段的表层熟土（耕作层）推到施工场地外围；在地形整理完成后，再把表土铺回来，以备栽植工程使用。

③施工中为了避免对桩木和放线的破坏，应加高桩木的高度，桩木上还可做醒目标识（如挂小彩旗或在桩木上涂明亮的颜色），以引起施工人员的注意。施工期间，施工人员应该经常到现场，随时用测量仪器检查桩点和放线情况，以免挖错（或堆错）位置。

2. 土方运输

土方运输是一项艰巨的工作，所以，在地形设计阶段力求土方就地平整。在有些局部或小型施工中，一般用人工运土。对于运输距离较长的，最好使用机械或半机械化运输。

不论是车运还是人挑，施工人员都要认真组织运输路线，卸土地点要明确，随时指点，避免混乱和窝工。如果使用外来土垫地堆山，运土车辆应设专人指挥，卸土的位置要准确，否则乱堆乱卸，必然会给下一步施工增加搬运工作，从而浪费人力物力。

3. 土方填筑

填土应该满足工程的质量要求，土壤的质量要根据填方的用途和要求加以选择。绿化地段的用土应满足种植植物的要求；建筑用地的土壤应以能满足地基的稳定为原则；利用外来土垫地堆山时，应对土质进行检验，防止劣土及受污染的土壤进入园内，影响植物的生长和游人的健康。

（1）人工填土。人工填土常用铁锹、耙、锄等工具。回填土时，一般从场地最低处开始，由一端向另一端自下而上分层铺填，每层应先虚铺一层土，然后夯实。

（2）机械填土。机械填土主要指推土机填土、铲运机填土和汽车填土。

现以推土机为例加以说明。推土机填土采用纵向铺填的顺序，即从挖方区段向填方区段填土，每段40~60 m为宜。坡度较大时，也应按顺序分段填土，不得居高临下，一次堆填完成；用推土机运土回填时，可采用分堆集中、一次运送的方法，为减少运土漏失量，分段距离以10~15 m为宜；土方推至填方位置时，应提起一次铲刀，成堆卸土，并向前行驶0.5~1.0 m，利用推土机后退将土刮平。

4. 土方压实

土方压实可分为人工压实和机械压实。人工压实可采用夯、振、碾等工具；机械压实可采用推土机、拖拉机、碾压机械（包括平碾、振动碾和羊足碾）、振动压路机和打夯机等机械。

压实工作必须分层进行，且要做到均匀一致；压实松土时，夯压工具应先轻后重；压实工作应自边缘开始逐渐向中间收拢，否则边缘土方外挤易引起坍落。

第三章　园路工程设计与施工

第一节　园路基础知识

一、园路的功能

园路是贯穿全园的交通网络，是联系各个景区和景点的纽带和风景线，是组成园林风景的造景要素。

园路的走向对园林的通风、光照、环境保护有一定的影响。因此，无论在实用功能上，还是在美观方面，均对园路的设计有一定的要求。园路的功能包括以下几方面：

（一）组织交通，引导游览

在公园中常常是利用地形、建筑、植物或道路把全园分隔成各种不同功能的景区，同时又通过道路，把各个景区联系成一个整体。园林不是设计一个个静止的"境界"，而是创作一系列运动中的"境界"。对中国园林来讲，游览程序的安排是十分重要的，能将设计者的造景序列传达给游客。游人所获得的是连续印象所带来的综合效果，印象的积累感染着人的思想情感，这正是中国园林的魅力所在。园路能担负起组织园林各个景点的观赏程序，向游客展示园林的风景画面。它能通过自己的布局和路面铺砌的图案，引导游客按照设计者的意图、路线和角度来游赏景物。从这个意义上来说，园路是游客的导游。

（二）划定边界

景观铺装可用来划分环境中不同功能区域的边界，使其更加明确，易于识别。例如，可以通过石材或混凝土的路缘石来划定人行道与车行道，也可以通过材料之间质感或色彩的对比来划分人行和车行区域，使行人、车辆在各自被允许的范围内活动，不但保证了交通的畅通，也可以确保行车安全。

用景观铺装来划分边界，可以相对地减弱栅栏等强制性设施给人造成的视觉阻力和心理压力。人们更容易遵循它所划定的范围来规范自己的行动。此外，增加边界功能的铺装还具有一定的装饰效果，避免同一铺装的单调和乏味。

（三）承载交通

园路承担游客的集散、疏导，满足园林绿化、建筑维修、建筑养护、建筑管理等工作的运输工作，满足安全、防火、职工生活、公共餐厅、小卖部等园务工作的运输任务，承担组织交通的功能。对于小型公园，这些任务可综合考虑；对于大型公园，由于园务工作交通量大，有时可以设置专门的路线和出入口。

（四）构成园景

园路优美的曲线、丰富多彩的路面铺装，可与周围的山、水、建筑、花草、树木、石景等景物紧密结合，形成丰富的景园空间，增强空间的艺术性表现。所以园路可行、可游，行游统一。

二、园路的分类

园路按等级和性质的不同可分为主园路、次园路、游步道、专用道，各种园路的技术标准如表 3-1 所示。

表 3-1 园路的分类与技术标准

园路分类	路面宽度/m	游人步道宽（路肩）/m	车道数/条	路基宽度/m	红线宽（含明沟）/m	车速/（km/h）
主园路	6.0~7.0	≥2.0	2	8~9	—	20
次园路	3.0~4.0	0.8~1.0	1	4~5		15
游步道	0.8~1.5	—	—	—		
专用道	3.0	≥1.0	1	4	不定	—

（一）主园路

主园路是园林景区内的主要道路，从入口通向全园各主景区、广场、公共建筑、后勤管理区，形成全园的骨架和环路，组成游览的主干路线，并能满足园区内管理车辆的通行要求。

（二）次园路

次园路是主园路的辅助道路，呈支架状，连接各景区内景点和景观建筑，车辆可单向通行，为园内生产管理和园务提供运输服务。次园路的路宽为主园路的一半，自然曲度大于主园路，其以优美舒展的曲线线条构成有层次的风景画面。

（三）游步道

游步道是园路系统的末梢，供游人休憩、散步、游览，可到达园林绿地的各个角落，是通达广场、园景的捷径，宽度一般为 0.5~1.5 m。游步道常结合园林植物和起伏的地形而自然形成。

三、园路系统的布局形式

常见的园路系统布局形式有套环式、条带式和树枝式。

（一）套环式园路系统

套环式园路系统的特征是由主园路构成一个闭合的大型环路或一个"8"字形的双环路，再由许多次园路和游步道从主园路上分支，相互穿插连接或闭合，构成较小的环路。主园路、次园路和游步道之间是环环相套、互通互连的关系。套环式园路系统是最能适应公共园林环境，应用较广泛的一种回路系统。但是，狭长地带一般不适合采用这种园林系统布局形式。

（二）条带式园路系统

地形狭长的园林绿地中常采用条带式园路系统。这种园路系统的特征是主园路呈条带状，始端和尽端各在一方，并不闭合成环；在主路的一侧或两侧，穿插一些次园路和游步道，次园路和游步道之间可以局部闭合成环路。

（三）树枝式园路系统

树枝式园路系统的特征是在以山谷地形为主的风景区和市郊公园中，主园路布置在谷底，沿河沟从下往上延伸，两侧山坡上的多处景点都是通过在主路上分出一些支路，甚至再分出一些小路加以连接。树枝式园路系统是游览性最差的一种园路布局形式，只有在受到地形限制时才会采用。

第二节　园路的线形设计

园路设计包括线形设计与结构设计，线形设计关系到园路的功能要求与工程要求，线形设计包括横断面设计、纵断面设计和平面线形设计。

一、园路横断面设计

垂直于园路中心线的断面称为园路的横断面，它能直观地反映路宽、道路和横坡及地上、地下管线位置等情况。园路横断面设计的内容主要包括：依据规划道路宽度和道路断面形式结合实际地形确定合理的横断面形式；确定合力的路拱横坡；综合解决园路与管线及其他附属设施之间的矛盾。

（一）园路横断面形式的确定

依据车行道的条数不同，道路的横断面形式通常可分为"一块板"（机动车与非机动车在一条车行道上混合行驶，上行、下行不分隔）、"二块板"（机动车与非机动车混合行驶，但上行、下行由道路中央分隔带分开）。园路的横断面形式最常见的为"一块板"形式，在面积较大的公园主路中偶尔也会采用"二块板"的形式。园林中的道路不像城市中的道路那样有一定的规定，有时道路的绿化带会被路侧的绿化所取代，形式变化灵活。

园路宽度根据交通种类确定，应充分考虑所承载的内容。游人及各种车辆的最小运动宽度如表3-2所示。

表3-2　游人及各种车辆的最小运动宽度

车辆种类	最小宽度/m	车辆种类	最小宽度/m
单人	0.75	小轿车	2.00
自行车	0.60	消防车	2.06
三轮车	1.24	中小型货车	2.50
拖拉机	0.84~1.50	大型货车	2.66

（二）园路路拱设计

为了使雨水能快速排出路面，道路的横断面通常设计为拱形、斜形等形状，称为路拱，其设计主要是确定道路横断面的线形和横坡坡度。园路路拱基本设计形式有抛物线形、折线形、直线形和单坡形。

1. 抛物线形路拱

抛物线形路拱是最常用的路拱形式，其特点是路面中部较平，越向外侧坡度越陡，横断路面呈抛物线形。这种路拱对游人行走、行车和路面排水都很有利，但不适用于较宽的道路以及低级的路面。

2. 折线形路拱

折线形路拱是将路面做成由道路中心线向两侧逐渐增大横坡度的若干短折线组成的路拱。这种路拱的横坡度变化比较徐缓，路拱的直线较短，近似于抛物线形路拱，对排水、行人、行车也都有利，一般适用于比较宽的园路。

3. 直线形路拱

直线形路拱适用于双车道或多车道。最简单的直线形路拱是由两条倾斜的直线组成的。为了行人和行车方便，通常可在横坡度为 1.5% 的直线形路拱的中部插入两段横坡度为 0.8%~1.0% 的对称连接折线，使路面中部不至于呈现屋脊形。在直线形路拱的中部也可以插入一段抛物线或圆曲线，但曲线的半径不应小于 50 m，曲线长度不应小于路面总宽度的 10%。

4. 单坡形路拱

单坡形路拱可以看作是以上 3 种路拱各取一半所得的路拱形式，其路面单向倾斜，雨水只向道路一侧排出。在山林园林中，常常采用单坡形路拱。但这种路拱不适用于较宽的道路，道路宽度一般都不大于 9 m；并且夹带泥土的雨水总是从道路较高一侧通过路面流向较低一侧，容易污染路面，所以，在园林中采用这种路拱要受到很多限制。

园路横坡坡度的设计受园路路拱的平整度、铺路材料的种类以及路面透水性能等条件的影响。根据我国交通部的道路技术标准，不同路面面层的横坡度如表 3-3 所示。

表 3-3　不同路面面层的横坡度

道路类别	路面结构	横坡度/%
人行道	砖石、板材铺砌	1.5~2.5
	砾石、卵石镶嵌面层	2.0~3.0
	沥青混凝土面层	3.0
	素土夯实面层	1.5~2.0

道路类别	路面结构	横坡度/%
自行车道		1.5~2.0
广场行车路面	水泥混凝土	0.5~1.5
汽车停车场		0.5~1.5
车行道	水泥混凝土	1.0~1.5
	沥青混凝土	1.5~2.5
	沥青结合碎石或表面处理	2.0~2.5
	修整块料	2.0~3.0
	圆石、卵石铺砌,以及砾石、碎石或矿渣(无结合料处理)、结合料稳定土壤	2.5~3.5
	级配沙土、天然土壤、粒料稳定土壤	3.0~4.0

(三) 园路断面图综合设计

园路断面图的设计必须与道路管线相适应,综合考虑路灯的地下线路、给水管、排水管等附属设施,采取有效措施解决矛盾。

在自然地形起伏较大的地方,园路横断面设计应和地形相结合,当道路两侧的地形高差较大时可以采取以下几种布置形式:

一是结合地形将人行道与车行道设置在不同高度上,人行道与车行道之间用斜坡隔开,或用挡土墙隔开。

二是将两个不同行车方向的车行道设置在不同高度上。

三是结合岸坡倾斜地形,将沿河一边的人行道布置在较低的不受水淹的河滩上,供游人散步休息之用。车行道设在上层,以供车辆通行。

四是当道路沿坡地设置,车行道和人行道同在一个高度上,横断面布置应将车行道中线的标高接近地面,并靠近土坡。这样可避免出现多填少挖的不利现象,以减少土方工程量。

二、园路纵断面设计

园路纵断面是指路面中心线的竖向断面。路面中心线在纵断面上为连续相折的直线,两条不同坡度的路段相交时,必然存在一个变坡点。为使车辆安全平稳地通过变坡点,须用一条弧曲线把相邻两个不同坡度线连接,这条曲线因位于竖直面上,故称为竖曲线。竖曲线的设置使园林道路视线宽阔,路景生动。

（一）园路纵断面设计的主要内容

一是确定路线各处合适的标高。

二是设计各路段的纵坡及坡长。

三是保证视距要求，选择各处竖曲线的合适半径，设置竖曲线并计算施工高度等。

（二）园路纵断面设计的要求

一是根据造景的需要，园路随地形的变化而起伏变化，并保证竖曲线线形平滑。

二是在满足造园艺术要求的情况下，尽量利用原地形，保证路基的稳定，并减少土方量。行车路端避免过大的纵坡和过多的折点，使线形平顺。

三是园路与相连的城市道路及广场、建筑入口等处在高程上应有合理的衔接。

四是纵断面控制点应与平面控制点一并考虑，使平、竖曲线尽量错开，注意与地下管线的关系，达到经济、合理的要求。

（三）园路竖曲线设计

1. 确定园路竖曲线合适的半径

当圆心位于竖曲线下方时，称为凸形竖曲线；当圆心位于竖曲线上方时，称为凹形竖曲线。园路竖曲线的允许半径比较大，其最小半径比一般城市道路要小得多。半径的确定与游人的游览方式、散步速度和部分车辆的行驶要求相关，但一般不做过细的考虑。园路竖曲线最小半径建议值如表3-4所示。

表3-4　园路竖曲线最小半径建议值（m）

园路级别	风景区主干道	主园路	次园路	游步道
凸形竖曲线	500~1000	200~400	100~200	<100
凹形竖曲线	500~600	100~200	70~100	<70

2. 园路纵向坡度设定

为了保证雨水的排出，一般园路的路面应有8%以下的纵坡，最小纵坡为0.3%~0.5%。但纵坡坡度也不应过大，否则不利于游人的游览和园务运输车辆的通行。园路纵向坡度设定可参考表3-5。

表 3-5　园路纵向坡度设定参考

功能要求	合适坡度	最大坡度
供自行车骑行的园路	2.5%以下	4%
供轮椅、三轮车通行的园路	2%左右	3%
不通车的人行游览道		12%
必须设计为梯级道路		12%以上
一般的梯道纵坡		100%

园路纵坡较大时，其坡面长度应有所限制，如表 3-6 所示。

表 3-6　园路纵坡与限制坡长

道路类型	车道			游览道				梯道
园路纵坡/%	5~6	6~7	7~8	7~8	9~10	10~11	10~12	>12
限制坡长/m	600	400	300	150	100	80	60	25~60

当道路纵坡较大而坡长又超过限制时，则应在坡路中插入坡度不大于 3%的缓和坡段，或者在过长的梯道中插入一个或数个平台，供游人暂停休息并起到缓冲作用。

（四）弯道与超高

当汽车在弯道上行驶时，产生横向推力称为离心力。这种离心力的大小，与车行速度的平方成正比，与平曲线半径成反比。为了防止车辆向外侧滑移，抵消离心力的作用，就要把路的外侧抬高。这种为了平衡汽车在弯道上行驶所产生的离心力所设置的弯道横向坡度而形成的高差称为弯道超高。在游览性公路设计时，还要考虑路面视距与会车视距。

三、园路平面线形设计

平面线形即园路中线的水平投影形态。园路平面线形设计的基本内容是结合规划定出道路中心线的位置，确定直线段，选择平曲线半径，合理解决曲线与直线衔接等。

园路平面线形设计应与地形、水体、植物、建筑物、铺装场地及其他设施结合，形成完整的风景构图，创造连续展示园林景观的空间或欣赏前方景物的透视线。园路平面线形设计应主次分明、组织交通和游览、疏密有致、曲折有序。为了组织风景，延长旅游路线，扩大空间，较好的设计能使园路在空间上有适当的曲折，园路交叉于各景区之间，使游客在路上就能欣赏到园区内主要的风景。

（一）园路平面线设计

园路根据类型不同可分为规则式和自然式两大类。规则式采用严谨整齐的几何式道路布局，突出人工的痕迹，此类型在西方园林中应用较多；自然式崇尚自然，园路常为流畅的线条。近年来，随着东西方艺术交流的日渐增进，规则与自然相结合的园路布局手法逐渐增多。

园林道路的平面是由直线和曲线组成的。规则式园路以直线为主，自然式园路以曲线为主。曲线形园路是由不同曲率、不同弯曲方向的多段弯道连接而成，其平面的曲线特征十分明显；就是在直线形园路中，其道路转折处一般也应设计为曲线的弯道行驶。园路平面的这些曲线形式，就称为平面平曲线。

1. 平曲线线形设计

在设计自然式曲线道路时，道路平曲线转弯要平缓自如，弯道曲线要流畅，曲率半径要适当，不能过分弯曲。

2. 平曲线半径的选择

当道路由一段直线转到另一段直线上时，其转角的连接部分均采用圆弧形曲线，这种圆弧的半径称为平曲线半径。

自然式园路曲折迂回，在平曲线变化时主要由下列因素决定：园林造景的需要；当地地形、地物条件的要求；在通行机动车的地段上，要注意行车安全。在条件困难的个别地段上，在园内可以不考虑行车速度，只要满足汽车本身的最小转弯半径就行。

一般园路的弯道平曲线半径可以设计得比较小，仅供游人通行的游步道，平曲线的半径还可更小。园路内侧平曲线半径参考值见表3-7。

表3-7　园路内侧平曲线半径参考值（m）

园路类型	一般情况下	最小
主园路	10.0~50.0	8.0
次园路	6.0~30.0	5.0
游步道	3.5~20.0	2.0

（二）园路转弯半径的确定

通行机动车辆的园路在交叉口或转弯处的平曲线半径要考虑合适的转弯半径，以满足通行的需求。转弯半径的大小与车速和车类型号（长、宽）有关，个别条件困难地段也可以不考虑车速，采用满足车辆本身的最小转弯半径。

（三）曲线加宽

汽车在弯道上行驶，由于前后轮的轮迹不同，前轮的转弯半径大，后轮的转弯半径小。因此，弯道内侧的路面要适当加宽。

四、园路工程图

园路工程图主要包括园路路线平面图、园路纵断面图、园路横断面图。园路工程图用来说明园路的游览方向和平面位置、线形状况、沿线的地形和地物、纵断面标高和坡度、路基的宽度和边坡。由于园路的竖向高差和路线的弯曲变化都与地面起伏密切相关，因此，园路工程图的图示方法与一般工程图样不同。

（一）园路路线平面图

园路路线平面图主要表示园路的平面布置情况，包括园路所在范围内的地形及建筑设施、路面宽度与高程。地形一般用等高线来表示，地物用图例表示，图例画法应符合《总图制图标准》的规定。路线平面图通常采用 1：500~1：2000 的比例。

由于绘图比例较小，故常在路线平面图中在道路中心处画一条粗实线表示路线。若绘图比例较大，也可按路面宽度画双线表示路线。新建道路用中粗线，原有道路用细实线。

对于结构不同的路段，应以细虚线分界，虚线应垂直于园路的纵向轴线，并在各段标注横断面详图索引符号。为了便于施工，园路路线平面图采用坐标方格网控制园路的平面形状，其轴线编号应与总平面图相符，以表示它在总平面图中的位置。

（二）园路纵断面图

园路纵断面图是假设用铅垂切平面沿园路中心轴线剖切，然后将所得断面图展开而成的立面图，它表示某一铅垂面上园路的起伏变化情况。对于有特殊要求或路面起伏较大的园路，应绘制纵断面图。绘制纵断面图时，由于路线的高差比路线的长度要小得多，如果用相同比例绘制，就很难将路线的高差表示清楚，因此，路线的长度和高差一般采用不同比例绘制。

纵断面图应包括地面线、设计线、竖曲线及资料表等内容。

地面线：是道路中心线所在处，是原地面高程的连接线，用细实线绘制。具体画法是将水准测量测得的各桩高程按图样比例画在相应的里程桩上（用小点表示其位置即可），然后用细实线按顺序将各点连接起来，故纵断面图上的地面线为不规则折线状。

设计线：道路的路基纵向设计高程的连接线，即沿路线方向设计的坡度线，用粗实线表示。

竖曲线：是当设计线纵坡变更处的两相邻坡度之差的绝对值超过一定数值时，在变坡处设置的用于连接两相邻纵坡的竖向圆弧。竖曲线分为凸形竖曲线和凹形竖曲线。竖曲线上要标出相邻纵坡交点的里程桩和标高，以及竖曲线半径、切线长、外距、始点、终点，单位均为 m。如变坡点不设置竖曲线时，则应在变坡处标明"不设"。路线上的桥涵构筑物和水准点都应按所在里程注在设计线上，标出名称、种类、大小、桩号等。

资料表：资料表在图样的正下方，主要内容包括每段设计线的坡度（用对角线表示坡度方向，对角线上方标注坡度，下方标注坡长，水平段用水平线表示）、每个桩号的设计标高和地面标高、桩号、交角点编号、转折角和曲线半径等。资料表应与路线纵断面图的各段一一对应。

（三）园路横断面图

园路横断面图是用垂直于设计线的剖切平面剖切所得到的图形，作为计算土石方和路基施工的依据。沿道路路线一般每隔 20 m 画一园路横断面图，并沿桩号从下到上、从左到右布置图形。横断面地平线用细实线绘制，设计线用粗实线绘制，且每个横断面图下方均应标注桩号、断面面积、地面中心到路基中心的高差。

园路横断面图表达的内容一般有 3 种形式，即填方段称路堤、挖方段称路堑、半填半挖的称路基，常用透明方格纸绘制，以便计算土方量。园路横断面图一般用 1∶50、1∶100、1∶200 的绘图比例。

第三节　园路的结构设计

一、园路结构简介

从构造上看，园路是由面层、结合层、基层和路基组成。

（一）面层

面层是园路最上面的一层。它直接承受人流、车辆的荷载和风、雨、寒、热等气候作用的影响。因此，面层要求坚固、平稳、耐磨，有一定的粗糙度，尘土少，便于清扫。

根据面层材料的力学性质不同，可以将园路面层分为刚性面层和柔性面层两类。

现浇水泥混凝土面层称为刚性面层。这种面层在受力后发挥混凝土板的整体作用，具有较强的抗弯强度。一般在公园、风景区的主园路和最重要的道路上采用刚性路面，其特点是坚固耐久，须保养翻修少，但造价较高。

柔性面层是用黏性、塑性材料和颗粒材料做成的路面，也包括使用土、沥青、草皮和其他集合材料进行表面处理的粒料、块料加固的路面。柔性面层在受力后抗弯强度很小，面层强度在很大程度上取决于路基的强度。园林中人流量不大的游步道、散步小路、草坪路等，都适合采用柔性路面，其特点是铺路材料种类较多，适应性较强，易于就地取材，造价相对较低。

（二）结合层

结合层是在面层和基层之间的一层，使用块料铺筑，用于结合、找平、排水。

（三）基层

基层一般在路基之上，起承重作用。其一方面支承由面层传下来的荷载，另一方面把此荷载传给路基。基层不直接接受车辆和气候因素的作用，对材料的要求比面层低，一般用碎（砾）石、灰土或各种工业废渣等筑成。

（四）路基

路基是园路的基础，为园路提供一个平整的基面，承受地面上传来的荷载，是保证园路具有足够强度和稳定性的重要条件之一。

经验认为：一般黏土或沙性土开挖后用蛙式打夯机夯实 3 遍，如无特殊要求，就可直接作为路基。对于未压实的下层填土，经过雨季被水浸润后能使其自身沉陷稳定。在严寒地区，严重的过湿冻胀土或湿软呈橡皮状土应采用 1∶9 或 2∶8 灰土加固路基，其厚度一般为 15 cm。

二、园路结构设计

（一）路基和附属工程

路基为园路提供一个平整的基面，承受路面传下来的荷载，并保证路面有足够的强度和稳定性。如果路基的稳定性不良，应采取措施，以保证路面的使用寿命。路基应有足够的强度和稳定性。

1. 道牙

道牙一般分为平道牙和立道牙两种形式。它们安置在路面两侧，使路面与路肩在高程上起衔接作用，并能保护路面，便于排水。道牙一般用砖或混凝土制成，在园林中也可以用瓦、大卵石、条石等做成。

2. 台阶

当路面坡度超过 12°时，为了便于行走，在不通行车辆的路段上，可设台阶。台阶的宽度应与路面相同，每级台阶的高度为 12~17 cm，宽度为 30~38 cm。

在园林中根据造景的需要，台阶可以用天然山石、预制混凝土做成木纹板、树桩等各种形式，以装饰园景。

3. 礓磜

在坡度较大的地段上，一般纵坡超过 15%时，本应设台阶，但为了能通行车辆，所以将斜面做成锯齿形坡道，称为礓磜。

4. 蹬道和梯道

在园林土山或石假山及其他一些地方，为了与自然山水园林相协调，梯级道路不采用砖石材料砌筑成整齐的阶梯，而是采用顶面平整的自然山石，依山随势，砌成山石蹬道。

梯道是在风景区山林或园林假山上最陡的崖壁处设置的攀登通道。一般是从下至上在崖壁凿除一道道横槽作为梯步，如同天梯一样。梯道旁必须设置铁链或铁管矮栏杆固定于崖壁壁面，作为攀登时的扶手。

5. 种植池、明沟和雨水井

种植池是为满足绿化而特地设置的，规格依据相关规范而定，一般为 1.5 m×1.5 m。明沟和雨水井是为收集路面雨水而建的构筑物，园林中常用砖块砌成。

(二) 基层的选择

基层的选择应视路基土壤的情况、气候特点及路面荷载的大小而定，并应尽量利用当地材料。园路基层设计应采用透水透气的砂、石等材料，除机动车行车道外尽量不采用混凝土基层。园路基层必须压实并符合设计要求，如遇软土地基，应进行补强处理。

(三) 结合层的选择

1. 水泥干砂

水泥干砂施工时操作简单，遇水后会自动凝结，密实性好。

2. 净干砂

净干砂施工简便，造价低。其经常遇水会使沙子流失，造成结合层不平整。

3. 混合砂浆

混合砂浆由水泥、石灰、砂组成，整体性好、强度高、黏结力强，适用于铺块料路面，造价较高。

三、路面铺装设计

园林中的路不同于一般的城市道路，不但要求基础稳定、基层结实、经久耐用，同时还要考虑景观效果，因此，对路面铺装有一定的要求。

（一）路面铺装设计要点

由于现代园林服务对象增多，人流量增大和行车的需要，要求路面的承载力增大，讲究既实用又有艺术性。在进行路面铺装艺术时，应把握以下几点：

1. 色彩

在铺装的设计中，色彩可以说是最为重要的元素之一，也是最具有直观魅力的设计元素。在对色彩的视觉反应中，人的行为是由物体对人的外在刺激引起的，而为了看清形状，就要用自己的理智识别力去对外界物体做出判断。因此，观者的被动性和经验的直接性的综合作用是色彩反应的典型特征。总之，凡是富有表现性的性质（色彩性质，有时也包括形状），都能自发地产生被动接受的心理经验；而另一种结构状态却能激起一种积极的心理活动。

色彩都具有鲜明的个性，不同的色彩给人的感受也不同。暖色调热烈、活泼；冷色调优雅、深远；明朗的色调使人感觉轻松愉快；灰暗的色调则显得沉稳、宁静。红色热烈而有激情，黄色明亮而温暖，绿色平和而富有生机，蓝色广大而深邃，褐色古朴而沉静，而黑、白、灰三种无彩色则是许多设计中万无一失的选择。但是并不是所有色彩都可以大面积地应用与铺装，例如，大面积的白色让人感觉眩晕。

在铺装设计中，一般不用过于鲜艳的颜色。一方面，由于铺装的面积往往较大，长时间的鲜艳色彩环境容易产生视觉疲劳；另一方面，彩色铺装的材料一般容易褪色、老化，这样会影响景观的美观性。但是，在一些特殊情况下，也可以采用比较鲜艳的颜色。例如，在车行道局部采用彩色铺装，用颜色可以引起司机、行人的注意与重视，或者用彩色标示出专用车道，此外，商业街区和儿童活动区的铺装色彩可以根据需求鲜艳一些，达到营造热烈的商业氛围和符合儿童审美情趣的目的。

2. 质感

在多数情况下，天然材料都需要经过适当的人工处理，要充分表现材料的质感，不仅应考虑材料的特性，运用对比的手法相互映衬，还要配合光线、色彩、造型等其他视觉条件。比如，贴近物体表面侧向投射的光线，可以使粗糙的材料显得更凹凸不平，增强它的立体感；而垂直投射的光线，则可以减弱或掩盖地面不平的缺陷。

材料的外观质感大致可以分为粗犷与细腻、粗糙与光洁、坚硬与柔软、温暖与寒冷、华丽与朴素、厚重与轻薄、干涩与润滑、锋利与迟钝。铺装的质感与环境、距离都有着密切的关系。铺装的优与劣，不只是看材料的好坏，同时也决定于它是否与环境相协调。在材料的选择上，要特别注意与建筑物的调和。不同质感调和的方法，要考虑同一调和、相似调和和对比调和。如地面上用地被植物、沙子、石子、混凝土铺装时，使用同一材料铺装比使用多种材料容易达到整洁和统一，在质感上也容易调和。而混凝土与碎大理石、鹅卵石等组成大块整齐的地纹，由于质感纹样的相似统一，易形成调和的美感。选用质感对比的方法进行铺装设计，也是提高质感美的有效方法。例如，在草坪中点缀步石，石的坚硬、厚重的质感和草坪柔软、有光泽的质感形成强烈的对比。因此，在铺装时，应该强调同质性和补救单调性。

3. 图案

铺装的图案和纹样因场所的不同又各有变化。一些用砖铺成直线或平行线的路面，可以增强地面设计的效果。有些直线可以增强空间的方向感，而有些直线则会增强空间的开阔感。

许多图案纹样会产生很强的静态感，如正方形、圆形和六边形等规则、对称的形状都不会引起运动感，而会形成宁静稳定的氛围，在铺装一些休闲区域时使用效果很好。同心圆那样的图案通常是由一些砖头、鹅卵石等小而规则的铺装材料组成，这些材料布置在地面或者广场中央会产生强烈的视觉效果。

中国古典园林的铺装形式可以给人们一些借鉴，但是，由于有的图案过于复杂，施工起来比较困难，不能适应快节奏的现代生活，因此，只适用于某些风景园林或局部的铺装设计之中。现代景观中的铺装图案多以重复出现的几何图形为主，这一方面是由铺装材料的特性所决定；另一方面，几何图形给人一种理性的印象，赋予环境一种秩序感，这与现代景观的总体感觉是相吻合的。

4. 尺度

在尺度适中的空间中，窄窄的街道、精致的广场，都令人感到亲切和舒适；反之，那些有着巨大空间、宽广的街道和高楼大厦则使人觉得冷漠无情。景观铺装的尺度处理也是至关重要的，不合理的尺度比例会破坏整个景观环境的氛围，造成人们感觉上的混乱。较大的景观空间，应当选用较大尺寸的铺装材料，否则将会让人感觉琐碎；相反，较小的空间就应当选用尺寸较小的铺装材料，否则会使空间显得更加拥挤。另外，铺装的图案设计得当，也可以帮助人们确立正确的空间尺度感，从而获得关于整个环境的正确的整体印象。

娱乐休闲广场、商业广场、儿童娱乐广场、各类园林道路、商业步行街、生活街道等的铺装设计应该严格遵循"以人为本"的设计原则，采用较小的尺度，以给人亲切感、舒适感，吸引更多的人驻足，进行观赏、娱乐、交往、购物、休憩等活动，增加自发性社会活动发生的可能性。当然，这并不意味着否定大的空间尺度，大的尺度符合现代城市的快节奏生活，满足高速发展的城市经济的要求。此外，铺装尺度设计还应充分考虑人的视觉特性的影响。如果要使快速运动的人看清身旁掠过的事物，就必须将它们的形象进行夸大。如高速公路两侧的标志和告示牌，都必须用巨大的字体和醒目的颜色、图案才能让人看得清楚。同理，在交通干道、快速路上的铺装设计要充分考虑到行车速度的影响，以乘客的视觉特点为主，设计中采用大尺度会获得更好的效果。

5. 高差

城市景观设计中，高差的处理主要靠台阶和坡道等方式。老年人、儿童及残障人士对台阶和坡道的要求是一个非常严谨的设计专题。另外，居住区内机动车和非机动车的存取也需要合理的台阶及坡道设计。在景观环境的设计中，对于倾斜度大的地方或局部产生高差的地方，都须设置台阶。在园林环境中，台阶也属于园林道路的一部分，其美学价值远超实用价值，故台阶的设计应与道路风格成为一体。

坡道是一种处理高差变化的有效手段，坡道按照类型可分为行走坡道与无障碍坡道两类。一般坡道设计的最大坡度为1：10，而专为残疾人服务的无障碍坡道最大坡度为1：12。坡道设计有三种情况：一是人行道与非机动车道交叉口的道口处的坡道；二是大型商场、写字楼等公共设施入口处的坡道；三是进入地下通道的坡道。在一些广场、园林、步行商业街环境中，甚至是城市步行道路上，人们往往选择走坡道而不是爬台阶，因此，在设计的时候应予以考虑。

另外，较小的高差处理还有下沉和上升两种方式将地面进行降低和抬高，这些都要结合环境的景观特点进行设计，以满足人们不同的需求。

6. 边界

确定景观环境的边界是铺装的一个重要作用。空间环境的边界需要精心地设计，以此来划分空间，做出一定的限定，从而有利于人们产生明确的场所感，为整个铺装增添细节变化，使得景观环境更加富有情趣。同时，也可以利用铺装的边界作用形成一个正式或非正式的休憩空间，供人们驻足交流。

边界可以是确定的，也可以是模糊的。确定性边界可以有效地划分不同区域，强化空间的领域感，加强对人流的导向；而模糊性边界则可以实现空间的自然过渡，空间转换更流畅，使用的时候更要灵活处置，可以产生非常丰富的视觉效果。

（二）铺装详图

铺装详图用于表达园路的面层结构，如断面形状、尺寸、各层材料、做法、施工要求、铺装图案、路面布置形式及艺术效果。此外，为了便于施工，对具有艺术性的铺装图案，应绘制平面大样图，并标注尺寸。

园路铺装详图包括平面和断面图，平面图表示路面装饰性图案，断面图则表示路面结构。路面结构一般包括面层、结合层、基层、路基等。

第四节 园路铺装工程施工

一、整体路面工程施工

（一）施工前的准备

施工前，施工单位应组织有关人员熟悉设计文件，以便编制施工方案，为施工任务创造条件。园路建设工程设计文件，包括初步设计和施工图两部分，应熟悉设计文件应注意的事项。

一是确定整体路面园路的纵、横向坡度。为保证路面水的排除与行人行走得舒适，将整体路面园路的纵坡坡度确定为1%，横坡坡度确定为1.5%。横坡设为单面坡，坡向指向路边的排水明沟。

二是确定整体路面路宽尺寸。

三是确定整体路面园路的结构设计。

四是确定整体路面园路的面层设计。

（二）施工放线

根据现场控制点，测设出整体路面园路中心线上的特征点，并打上木桩，在地面上每隔20～50 m放一中心桩，在弯道的曲线上应在曲头、曲中和曲尾各放一中心桩，在各中心桩上标明桩号和挖填要求。再以中心桩为准，根据整体路面园路宽度定出边桩。最后放出路面的平曲线，用白灰在场地地面上放出边轮廓线。

（三）修筑路槽

在修建各种路面之前，应在要修建的路面下先修筑铺路面用的浅槽，经碾压后使路面更加稳定坚实。一般路槽有挖槽式、培槽式和半挖半培式三种，修筑时可由机械或人工进行。本任务是以培槽式进行施工。

1. 施工程序

测量放样→培肩→碾压（夯实）→恢复边线→清槽→整修→碾压。

2. 操作工艺

（1）测量放样

路槽培肩前，应沿道路中心线测定路槽边缘位置和培垫高度，按间距 20~25 m 钉入小木桩，用麻绳挂线撒石灰放出纵向边线。桩上应按虚铺厚度做出明显标记，虚铺系数根据所用材料通过试验确定。

（2）培肩

根据所放的边线先将培肩部位的草和杂物清除掉，然后用机械或人工进行培肩。培肩宽度应伸入路槽内 15~30 cm，每层虚厚以不大于 30 cm 为宜。

（3）碾压

路肩培好后，应用履带拖拉机往返压实。

（4）恢复边线

操作工艺与测量放线基本相同，将路槽边线基本恢复。

（5）清槽

根据恢复的边线，按挖槽式操作工艺，用机械或人工将培肩时多余部分的土清除，经整修后，用压路机对路槽进行碾压。整修碾压操作工艺与挖槽式相同。

（四）基层施工

1. 干结碎石

干结碎石基层是指在施工过程，不洒水或少洒水，依靠充分压实及用嵌缝料充分嵌挤，使石料间紧密锁结所构成的具有一定强度的结构，一般厚度为 8~16 cm，适用于园路中的主路等。

2. 天然级配砂砾

天然级配砂砾是用天然的低塑性砂料，经摊铺整形并适当洒水碾压后所形成的具有一定密实度和强度的基层结构。它的一般厚度为 10~20 cm，若厚度超过 20 cm 应分层铺筑。

适用于园林中各级路面，尤其是有荷载要求的嵌草路面，如草坪停车场等。

3. 石灰土

在粉碎的土中，掺入适量的石灰，按照一定的技术要求，把土、灰、水三者拌和均匀，在最佳含水量的条件下压实成形的这种结构称为石灰土基层；石灰土力学强度高，有较好的整体性、水稳性和抗冻性。它的后期强度也高，适用于各种路面的基层、底基层和垫层。为达到要求的压实度，石灰土基层一般应用不小于 12 t 的压路机压实工具进行碾压。每层的压实厚度最小不应小于 8 cm，最大也不应大于 20 cm，如超过 20 cm，应分层铺筑。

4. 二灰土

二灰土是以石灰、粉煤灰与土，按一定的配比混合、加水拌匀碾压而成的一种基层结构。它具有比石灰土还高的强度，有一定的板体性和较好的水稳性，适用于二灰土的材料要求不高，一般石灰下脚料和就地取土都可利用，在产粉煤灰的地区均有推广的价值。这种结构施工简便，既可以机械化施工，又可以人工施工。

由于二灰土都是由细料组成，对水敏感性强，初期强度低，在潮湿寒冷季节结硬很慢，因此，冬季或雨季施工较为困难。为了达到要求的压实度，二灰土每层实厚度，最小不宜小于 8 cm，最大不超过 20 cm，大于 20 cm 时应分层铺筑。

（五）结合层施工

一般用 M7.5 水泥、白泥、砂混合砂浆或 1:3 的白灰砂浆。砂浆摊铺宽度应大于铺装面 5~10 cm，已拌好的砂浆应当日用完。也可用 3~5 cm 的粗砂均匀摊铺而成。特殊的石材铺地，如整齐石块和条石块，结合层采用 M10 号水泥砂浆。

（六）面层施工

1. 普通水泥路面施工

（1）面层施工

安装模板→安设传力杆→混凝土拌和与运输→混凝土摊铺和振捣→表面修整与接缝处理→混凝土养护和填缝。

水泥混凝土路面是用水泥、粗细骨料（碎石、卵石、砂等）、水按一定的配合比例混匀后现场浇筑的路面。整体性好，耐压强度高，养护简单，便于清扫。初凝之前，还可以在表面进行纹样加工。在园林中，多用作主干道。为增加色彩变化也可添加不溶于水的无机矿物颜料。混凝土面层施工完成后，应即时开始养护。养护期应为 7 d 以上，冬季施工后的养护期还应更长些。可用湿的稻草、锯木粉、湿砂及塑料薄膜等覆盖在路面上进行养护。不再做路面装饰的，则待混凝土面层基本硬化后，用锯缝机每隔7~9 m锯缝一道，作为路面的伸缩缝（伸缩缝也可在浇注混凝土之前预留）。

（2）纵缝施工

纵缝应根据设计要求的规定施工，一般纵缝为纵向施工缝。拉杆在立模后浇筑混凝土之前安设，纵向施工缝的拉杆则穿过模板的拉杆孔安设，纵缝槽宜在混凝土硬化后用锯缝机锯切；也可以在浇筑过程中埋入接缝板，待混凝土初凝后拔出即形成缝槽。

（3）表面修整和防滑措施

水泥混凝土路面面层混凝土浇筑后，当混凝土终凝前必须用人工或机械将其表面抹平。当采用人工抹光时，其劳动强度大，还会把水分、水泥和细沙带到混凝土表面，以致表面比下部混凝土或砂浆有较高的干缩性和较低的强度。当采用机械抹光时，其机械上安装圆盘，即可进行粗光；安装细抹叶片，即可进行精光。

为了保证行车安全，混凝土应具有粗糙抗滑的表面。施工时，可用棕刷顺横向在抹平后的表面轻轻刷毛。

此外本任务采用画线的方式装饰路面，使用金属条或木条工具在未硬的混凝土面层上可以画出施工图要求纹路。

2. 装饰面层施工

（1）普通抹灰与纹样处理

用普通灰色水泥配制成1：2或1：2.5的水泥砂浆，在混凝土面层浇注后尚未硬化时进行抹面处理，抹面厚度为1~1.5 cm。当抹面层初步收水，表面稍干时，再用下面的方法进行路面纹样处理。

（2）彩色水泥抹灰

水泥路面的抹面层所用水泥砂浆，可通过添加颜料而调制成彩色水泥砂浆，用这种材料可做出彩色水泥路面。彩色水泥调制中使用的颜料，须选用耐光、耐碱、不溶于水的无机矿物颜料，如红色的氧化铁红、黄色的柠檬铬黄、绿色的氧化铬绿。

（3）水磨石饰面

彩色水磨石地面是用彩色水泥石子浆罩面，再经过磨光处理而成的装饰性路面。按照设计，在平整、粗糙、已基本硬化的混凝土路面面层上，弹线分格，用玻璃条、铝合金条（或铜条）做分格条。然后在路面上刷上一道素水泥浆，再用1：1.25~1：1.50彩色水泥细石子浆铺面，厚0.8~1.5 cm。铺好后拍平，表面滚筒压实，待出浆后再用抹子抹面。如果用各种颜色的大理石碎屑，再与不同颜色的彩色水泥配制一起，就可做成不同颜色水磨石地面。水磨石的开磨时间应以石子不松动为准，磨后将泥浆冲洗干净。待稍干时，用同色水泥浆涂擦一遍，将砂眼和脱落的石子补好。第二遍用100~150号金刚石打磨，第三遍用180~200号金刚石打磨，方法同前。打磨完成后洗掉泥浆，再用1：29的草酸水溶液清洗，最后用清水冲洗干净。

（4）露骨料饰面

采用这种饰面方式的混凝土路面和混凝土铺砌板，其混凝土应用粒径较小的卵石配制。混凝土露骨料主要是采用刷洗的方法，在混凝土浇好后2~6 h内就应进行处理，最迟不得超过浇好后的16~18 h。刷洗工具一般采用硬毛刷子和钢丝刷子。刷洗应当从混凝土板块的周边开始，要同时用充足的水将刷掉的泥沙洗去，把每一粒暴露出来的骨料表面都洗干净。刷洗后3~7 d内，再用10%的盐酸水洗一遍，使暴露的石子表面色泽更明净，最后还要用清水把残留盐酸完全冲洗掉。

（七）养护

混凝土路面施工完毕应及时进行养护，使混凝土中拌和料有良好的水化、水解强度、发育条件以及防止收缩裂缝的产生，养护时间一般约为7 d。且在养护期间，禁止车辆通行，在达到设计强度后，方可允许行人通行。其养护方法是在混凝土抹面2 h后，表面有一定强度时，用湿麻袋或草垫，或者20~30 mm厚的湿沙覆盖于混凝土表面以及混凝土板边侧。覆盖物还兼有隔温作用，保证混凝土少受剧烈天气变化的影响。在规定的养生期间，每天应均匀洒水数次，以使其保持潮湿状态。

（八）安装道牙

道牙施工流程如下：

土基施工→铺筑碎石基层→铺筑混凝土垫层→铺筑结合层→安装道牙→验收。

铺筑砂浆结合层与道牙安装同时施工，砂浆抹平后安放道牙并用100号水泥砂浆勾缝，勾缝前对安放好的路缘石进行检查，检查其侧面、顶面是否平顺以及缝宽是否达到要求，不合格的重新调整，然后再勾缝。道牙背后应用白灰土夯实，其宽度50 cm，厚度15 cm，密实度在90%以上即可。

（九）竣工收尾

竣工收尾除对内业收尾外，还要对外业进行收尾，具体的验收内容如下：

一是混凝土面层不得有裂缝，并不得有石子外露和浮浆、脱皮、印痕、积水等现象。

二是伸缩缝必须垂直，缝内不得有杂物，伸缩必须全部贯通。

三是切缝直线段线直，曲线段应弯顺，不得有夹缝，灌缝不漏缝。

四是道牙收尾。

道牙铺设完毕后，质检小组对直顺度、缝宽、相邻两块高差及顶面高程等指标进行检测，不合格路段重新铺设。具体要求如下：

一是道牙铺设直线段应线直，自然段应弯顺。

二是道牙铺设顶面应平整，无明显错牙，勾缝严密。

（十）园路常见"病害"

园路的"病害"是指园路破坏的现象。一般常见的"病害"有裂缝、凹陷、啃边、翻浆等。现就造成各种病害的原因及预防方法分述如下：

1. 裂缝与凹陷

园路在通车一段时间后，形成凹陷或者裂缝。究其原因，一方面在于施工因素，如压实控制不好、分层过厚、施工措施不当以及含水量等；另一方面在于材料因素，如最大干容重及最佳含水量有误、材料压缩系数过大、采用高塑性指数的黏性土等，出现此问题，会使路面变形、开裂或下陷；另外超载车辆的增多造成现有道路等级过低，无法满足重载车辆的需要，都可能引起路基的变形。造成路基沉陷也有施工不当的原因，随着各种工程活动的次数频繁和规模扩大，如削坡、坡顶加载、地下开挖等，另外养护不善也会造成这种现象。但是造成这种破坏是基土过于湿软或基层厚度不够，强度不足，当路面荷载超过土基的承载力时造成的。路基的施工质量，是整个道路工程的关键，也是路基路面工程能否经受住时间、车辆运行荷载、雨季、冬季的考验的关键。要做好路基工程，必须扎扎实实地进行路基的填筑，尤其对原地面的处理和坡面基地的处理。此外，路基填料一般应采用砂砾及塑性指数和含水量符合规范的土，不使用淤泥、沼泽土、冻土、有机土、含草皮土、生活垃圾及含腐殖质的土。

2. 啃边

路肩和道牙直接支撑路面，使之横向保持稳定。由于雨水的侵蚀和车辆行驶时对路面边缘的啃蚀作用，使之损坏，并从边缘起向中心发展，这种破坏现象称为啃边。啃边主要是由雨水损坏和施工不当引起的。预防由施工不当而引起的啃边，要求施工过程严格按照道路施工规范进行操作，路肩与其基土必须紧密结实，并有一定的坡度，严把质量关。

3. 翻浆

在季节性冰冻地区，地下水位高，特别是对于粉沙性土基，由于毛细管的作用，水分上升到路面下，冬季气温下降，水分在路面形成冰粒，体积增大，路面就会出现隆起现象，到春季上层冻土融化，而下层尚未融化，这样使土基变成湿软的橡皮状，路面承载力下降。这时如果车辆通过，路面下陷，邻近部分隆起，并将泥浆从裂缝中挤出来，使路面破坏，这种现象称为翻浆。

预防翻浆的基本途径是防止地面水、地下水或其他水分在冻结前或冻结过程中进入路基上部，可将聚冰层中的水分及时排出或暂时蓄积在透水性好的路面结构层中；改善土基及路面结构；采用综合措施防治，如做好路基排水，提高路基，铺设隔离层，设置路肩盲沟或渗沟，改善路面结构层等方法。改善路面结构层主要指在路基排水不良或有冻胀、翻浆的路段上，为了排水、隔温、防冻的需要，用道渣、煤渣、石灰土等水稳定性好的材料作为垫层，设于基层之下。

二、块料路面工程施工

（一）块料路面基础

1. 块料路面概述

块料路面是指面层由各种天然或人造块状材料铺成的路面，如各种天然块石、陶瓷砖及各种预制混凝土砖块等。块料路面种类繁多、质地多变、图案纹样和色彩丰富，适用于广场、游步道和通行轻型车辆的地段，应用非常广泛。

（1）砖铺地

目前我国机制标准砖的大小为 240 mm×115 mm×53 mm，有青砖和红砖之分。园林铺地多用青砖，风格朴素淡雅，施工方便，可以拼成各种图案，以席纹和同心圆弧放射式排列较多。砖铺地适用于庭院和古建筑物附近，因其耐磨性差，容易吸水，适用于冰冻不严重和排水良好之处。坡度较大和阴湿地段不宜采用，易生青苔。目前也有采用彩色水泥仿砖铺地，效果较好。

（2）冰纹路

冰纹路是用边缘挺括的石板模仿冰裂纹样铺砌的路面。它的石板间接缝呈不规则折线，用水泥砂浆勾缝，多为平缝和凹缝，以凹缝为佳。也可不勾缝，便于草皮长出成冰裂纹嵌草路面。还可做成水泥仿冰纹路，即在现浇水泥混凝土路面初凝时，模印冰裂纹图案，表面拉毛，效果也较好。冰纹路适用于池畔、山谷、草地和林中的游步道。

（3）乱石路

乱石路是用天然块石大小相间铺筑的路面。它采用水泥砂浆勾缝，石缝曲折自然，表面粗糙，具粗犷、朴素、自然之感。乱石路、冰纹路也可用彩色水泥勾缝，增加色彩变化。

（4）条石路

条石路是用经过加工的长方形石料（如麻石、青石片等）铺筑的路面，平整规则、庄重大方，多用于广场和纪念性建筑物周围，条石一般被加工成 300 mm×300 mm×20 mm，400 mm×400 mm×20 mm，500 mm×500 mm×50 mm，300 mm×600 mm×50 mm 等规格。

（5）预制水泥混凝土砖路

这种园路是指用预先模制的水泥混凝土砖铺筑的园路。水泥混凝土砖形状多变，且可制成彩色混凝土砖，铺成的图案很丰富，适用于园林中的规则式路段和广场。用预制混凝土砌块和草皮相间铺筑成的园路，具有鲜明的生态特点，它能够很好地透水、透气。绿色草皮呈点状或线状有规律地分布，可在路面形成美观的绿色纹理。砌块的形状可分为实心和空心两类。

（6）特殊形式园路

①步石：是置于陆地上的人工或天然踏步石。充分夯实基础后，可用粗砂做结合找平层，上铺大块毛石或 10 cm 厚水泥混凝土板做基石，其上放置步石。不易平稳时，用M7.5水泥砂浆结合。步石为麻石板或混凝土板时可不设基石。步石顶面应基本平整，不要露出步石的底面，以给人自然之感。

②汀步：是设在水中的步石。块石汀步，基石埋于池底以下 20~40 cm 处，支撑块石要平整，用 M10 水泥砂浆黏结固定。顶石用大块毛石，其顶面高出常水位 10~25 cm，底面在水面以下。安放时要注意重心稳定。整体式钢筋混凝土汀步，不论现浇或预制，其配筋都须经过计算，安放时踏步板表面要水平。步石、汀步块料可大可小，间距也可灵活变化，但不得大于 0.55 m，荷叶式汀步净距不大于 0.40 m，路线可曲可直。

2. 块料路面园路的纵、横向坡度

（1）纵向坡度

为保证路面水的排出与行人行走得舒适，块料路面园路的纵坡坡度一般为 0.4%~8%。

（2）横向坡度

为方便排水和保证行走的舒适性，块料路面园路的横坡坡度一般为 2%~3%。

3. 块料路面构造特点

块料路面的施工要将最底层的素土充分压实，然后可在其上铺一层碎砖石块。通常还应该加上一层混凝土防水层（垫层），再进行面层的铺筑。块料铺筑时，在面层与道路基层之间所用的结合层做法有两种：一种是用湿性的水泥砂浆、石灰砂浆或混合砂浆做结合材料；另一种是用干性的细砂、石灰粉、灰土（石灰和细土）、水泥粉砂等作为结合材料或垫层材料。

（1）湿性铺筑构造

用厚度为 1.5~2.5 cm 的湿性结合材料，如用 1∶2.5 或 1∶3 水泥砂浆、1∶3 石灰砂浆，M2.5 混合砂浆或 1∶2 灰泥浆等，垫在路面面层混凝土板上面或路面基层上面作为结合层，然后在其上砌筑片状或块状贴面层。砌块之间的结合以及表面抹缝，亦用这些结合材料，以花岗石、釉面砖、陶瓷广场砖、碎拼石片、马赛克等片状材料贴面铺地，都要采用湿法铺砌。用预制混凝土方砖、砌块或黏土砖铺地，也可以用这种铺筑方法。

（2）干法砌筑构造

以干性粉砂状材料，做路面面层砌块的垫层和结合层。这类的材料常见有：干砂、细砂土、1∶3 水泥干砂、1∶3 石灰干砂、3∶7 细灰土等。铺砌时，先将粉砂材料在路面基层上平铺一层，厚度是：用砂、细土做垫层厚 3~5 cm，用水泥砂、石灰砂、灰土做结合层厚 2.5~3.5 cm，铺好后抹平。然后按照设计的砌块、砖块拼装图案，在垫层上拼砌成路面面层。路面每拼装好一小段，就用平直的木板垫在顶面，以铁锤在多处振击，使所有砌块的顶面都保持在一个平面上，这样可使路面铺装得十分平整。路面铺好后，再用干燥的细沙、水泥粉、细石灰粉等撒在路面上并扫入砌块缝隙中，使缝隙填满，最后将多余的灰沙清扫干净。以后，砌块下面的垫层材料慢慢硬化，使面层砌块和下面的基层紧密地结合在一起。适宜采用这种干法铺砌的路面材料主要有：石板、整形石块、混凝土路板、预制混凝土方砖和砌块等。传统古建筑庭院中的青砖铺地、金砖墁地等地面工程，也常采用干法铺筑。

（3）地面镶嵌与拼花构造

施工前，要根据设计的图样，准备镶嵌地面用的砖石材料，设计有精细图形的，先要在细密质地青砖上放好大样，再精心雕刻，做好雕刻花砖，施工中可嵌入铺地图案中。要精心挑选铺地用石子，挑选出的石子应按照不同颜色、不同大小、不同长扁形状分类堆放，铺地拼花时才能方便使用。施工时，先要在已做好的道路基层上，铺垫一层结合材料，厚度一般可为 4~7 cm。垫层结合材料主要用：1∶3 石灰砂、3∶7 细灰土、1∶3 水泥砂浆等，用干法铺筑或湿法铺筑都可以，但干法施工更为方便一些。在铺平的松软垫层上，按照预定的图样开始镶嵌拼花。一般用立砖、小青瓦瓦片来拉出线条、纹样和图形图案，再用各色卵石、砾石镶嵌做花，或者拼成不同颜色的色块，以填充图形大面。然后经过进一步修饰和完善图案纹样，并尽量整平铺地后，就可以定形。定形后的铺地地面，仍要用水泥干砂、石灰干砂撒布其上，并扫入砖石缝隙中填实。最后，用大水冲击或使路面有水流淌。完成后，养护 7~10 d。

（4）嵌草路面的构造

嵌草路面有两种类型：一种为在块料铺装时，在块料之间留出空隙，其间种草，如冰裂纹嵌草路面、空心砖纹嵌草路面、人字纹嵌草路面等；另一种是制作成可以嵌草的各种纹样的混凝土铺地砖。施工时，先在整平压实的路基上铺垫一层栽培壤土做垫层。壤土要求比较肥沃，不含粗颗粒物，铺垫厚度为 10~15 cm。然后在垫层上铺砌混凝土空心砌块或实心砌块，砌块缝中半填壤土，并播种草籽或贴上草块踩实。实心砌块的尺寸较大，草皮嵌种在砌块之间预留缝中，草缝设计宽度可在 2~5 cm，缝中填土达砌块的 2/3 高。砌块下面如上所述用壤土做垫层并起找平作用，砌块要铺得尽量平整。空心砌块的尺寸较小，草皮嵌种在砌块中心预留的孔中。砌块与砌块之间不留草缝，常用水泥砂浆黏接。砌块中心孔填土宜为砌块的 2/3 高；砌块下面仍用壤土做垫层找平。嵌草路面保持平整。要注意的是，空心砌块的设计制作，一定要保证砌块的结实坚固和不易损坏，因此，其预留孔径不能太大，孔径最好不超过砌块直径的 1/3 长。

采用砌块嵌草铺装的路面，砌块和嵌草层道路的结构面层，其下面只能有一个壤土垫层，在结构上没有基层，只有这样的路面结构才有利于草皮的成活与生长。

（二）施工前的准备

施工前，负责施工的单位应组织有关人员熟悉设计文件，以便编制施工方案，为施工任务创造条件。认真分析方案设计的意图，准备好图板、图纸、绘图工具和电脑制图工具，熟悉施工图设计。

一是确定块料路面园路的纵、横向坡度：为保证路面水的排出与行人行走得舒适，将块料路面园路的纵坡坡度确定为 1%，横坡坡度确定为 2%。横坡设为单面坡，坡向指向路边的排水明沟。

二是确定块料路面路宽尺寸。

三是确定块料路面园路的结构设计。

四是确定块料路面园路的面层设计。

（三）定点放线

根据现场控制点，测设出块料路面园路中心线上的特征点，并打上木桩，在各中心桩上标明桩号，再以中心桩为准，根据块料路面园路的宽度定出边桩。

（四）挖路槽

按块料路面园路的设计宽度，每侧加宽 30 cm 挖槽，路槽深度等于路面各层的总厚度，槽底的纵、横坡坡度应与路面设计的纵、横坡坡度一致。路槽挖好后，在槽底洒水湿润，然后夯实。块料路面园路一般用蛙式夯夯压2~3遍即可。

（五）铺筑基层

现浇100 mm厚C15混凝土，找平，振捣密实。铺筑块料路面时，也可采用干性砂浆，如用干砂、细砂土、1：3水泥干砂、3：7细灰土等做结合层。砌筑时，先将粉砂材料在路面基层上平铺一层，其厚度为：干砂、细砂土30~50 mm，水泥干砂、石灰砂、灰土25~35 mm，铺好后找平，然后按照设计的砌块铺筑。路面每拼装好一小段，就用平直木板垫在路面，以铁锤在多处振击或用木槌直接振击路面，使所有砌块的顶面都保持在一个平面上，这样可将路面铺装得十分平整。路面铺好后，再用干燥的细沙、水泥粉、细石灰粉等撒在路面上并扫入砌块缝隙中，使缝隙填满，最后将多余的灰砂清扫干净。

（六）铺筑面层

一是广场砖面层铺装是园路铺装一个重要的质量控制点，必须控制好标高，结合层的密实度及铺装后的养护。在完成的水泥混凝土面层上放样，根据设计标高和位置打好横向桩和纵向桩，纵向线每隔板块宽度一条，横向线按施工进展向下移，移动距离为板块的长度。

二是将水泥混凝土垫层上扫净后，洒上一层水，略干后先将1：3的干硬性水泥砂浆在稳定层上平铺一层，厚度为30 mm做结合层用，铺好后抹平。

三是先将块料背面刷干净，铺贴时保持湿润。根据水平线、中心线（十字线），进行块料预铺，并应对准纵横缝，用木槌着力敲击板中部，振实砂浆至铺设高度后，将石板掀起，检查砂浆表面与砖底相吻合后，如有空虚处，应用砂浆填补。在砂浆表面先用喷壶适量洒水，再均匀撒一层水泥粉，把石板块对准铺贴。铺贴时四角要同时着落，再用木槌着力敲击至平整。面层每拼好一块，就用平直的木板垫在顶面，以橡皮锤在多处振击（或垫上木板，锤击打在木板上），使所有的砖的顶面均保持在一个平面上，这样可使块料铺装得十分平整。注意留缝间隙按设计要求保持一致，水泥砂浆应随铺随刷，避免风干。

四是铺贴完成24 h后，经检查块料表面无断裂、空鼓后，用稀水泥刷缝填饱满，并随即用干布擦净至无残灰、污迹为止。

五是施工完成后，应多次浇水进行养护，达到最佳强度。

（七）道牙、边条、槽块、台阶施工

道牙基础宜与地床同时填挖碾压，以保证有整体的均匀密实度。结合层用1：3的白灰砂浆 2 cm。安道牙要平稳牢固，后用 M10 水泥砂浆勾缝，道牙背后要应用灰土夯实，其宽度为 50 cm，厚度为 15 cm，密实度为 90% 以上。

边条用于较轻的荷载处，且尺寸较小，一般 5 cm 宽，15~20 cm 高，特别适用于步行道、草地或铺砌场地的边界。施工时应减轻它作为垂直阻拦物的效果，增加它对地基的密封深度。边条铺砌的深度相对于地面应尽可能低些，如广场铺地，边条铺砌可与铺地地面相平。槽块分凹面槽和空心槽块，一般紧靠道牙设置，以利于地面排水，路面应稍高于槽块。

台阶是解决地形变化、造园地坪高差的重要手段。建造台阶除了必须考虑在功能上及实质上的有关问题外，也要考虑美观与调和的因素。

许多材料都可以做台阶，以石材来说就有自然石，如六方石、圆石、鹅卵石及整形切石、石板等。木材则有杉、桧等的角材或圆木柱等。其他材料还包括红砖、水泥砖、钢铁等都可以选用。除此之外，还有各种贴面材料，如石板、洗石子、瓷砖、磨石子等。选用材料时要从各方面考虑，基本条件是坚固耐用，耐湿耐晒。此外，材料的色彩必须与构筑物调和。

台阶的标准构造是踢面高度，在 8~5 cm 之间，长的台阶则宜取 10~12 cm 为好；台阶之踏面宽度宜取 ≥28 cm；台阶的级数宜在 8~11 级，最多不超过 19 级，否则就要在这中间设置休息平台，平台不宜小于 1 m。使用实践表明，台阶尺寸以 15 cm×35 cm 为佳，至少不宜小于 12 cm×30 cm。

(八) 竣工收尾

一是各层的坡度、厚度、标高和平整度等应符合设计规定。

二是各层的强度和密实度应符合设计要求，上下层结合应牢固。

三是变形缝的宽度和位置、块料间缝隙的大小，以及填缝的质量等应符合要求。

四是不同类型面层的结合以及图案应正确。

五是各层表面对水平面或对设计坡度的允许偏差，不应大于 30 mm。供排出液体用的带有坡度的面层应做泼水试验，以能排出液体为合格。

六是块料面层相邻两块料间的高差，不应大于表 3-8 的规定。

表 3-8　各种块料面层相邻两块料的高低允许偏差

序号	块料面层名称	允许偏差/mm
1	条石面层	2
2	普通黏土砖、缸砖和混凝土板面层	1.5
3	水磨石板、陶瓷地砖、陶瓷锦砖、水泥花砖和硬质纤维板面层	1
4	大理石、花岗石、大板、拼花木板和塑料地板面层	0.5

七是水泥混凝土、水泥砂浆、水磨石等整体面层和铺在水泥砂浆上的板块面层以及铺贴在沥青胶结材料或胶黏剂上的拼花木板、塑料板、硬质纤维板面层与基层的结合应良好，应用敲击方法检查，不得空鼓。

八是面层不应有裂纹、脱皮、麻面和起砂等现象。

九是面层中块料行列（接缝）在 5 m 长度内直线度的允许偏差不应大于表 3-9 的规定。

表 3-9　各类面层块料行列（接缝）直线度的允许偏差

序号	面层名称	允许偏差/mm
1	缸砖、陶瓷锦砖、水磨石板、水泥花砖、塑料板和硬质纤维板面层	3
2	活动地板面层	2.5
3	大理石、花岗石面层	2
4	其他块料面层	8

十是各层厚度对设计厚度的偏差，在个别地方偏差不得大于该层厚度的 10%，应在铺设时检查。

十一是各层的表面平整度，应用 2 m 长的直尺检查，如为斜面，则应用水平尺和样尺检查。

三、碎料路面工程施工

（一）碎料路面基础

1. 碎料路面种类

（1）花街铺地

花街铺地是指用碎石、卵石、瓦片、碎瓷等碎料拼成的路面。图案精美丰富，色彩素艳和谐，风格或圆润细腻或朴素粗犷，做工精细，具有很好的装饰作用和较高的观赏性，有助于强化园林意境，具有浓厚的民族特色和情调，多见于古典园林中。

（2）卵石路

卵石路是以各色卵石为主嵌成的路面。它借助卵石的色彩、大小、形状和排列的变化可以组成各种图案，具有很强的装饰性，能起到增强景区特色、深化意境的作用。这种路面耐磨性好，防滑，富有园路的传统特点，但清扫困难，且卵石易脱落，多用于花间小径、水旁亭榭周围。

（3）雕砖卵石路面

雕砖卵石路面又被誉为"石子画"，是选用精雕的砖、细磨的瓦和经过严格挑选的各色卵石拼凑成的路面。其图案内容丰富，如以寓言、故事、盆景、花鸟虫鱼、传统民间图案等为题材进行铺砌加以表现。多用于古典园林中的道路，如故宫御花园甬路，精雕细刻，精美绝伦，不失为我国传统园林艺术的杰作。

2. 卵石路的纵、横向坡度

（1）纵向坡度

纵断面上每两个变坡点之间连接的坡度称为纵向坡度，即卵石路沿其中心线方向的坡度。为保证路面水的排出与行人行走得舒适，卵石路面的纵坡坡度一般为 0.5%~8%。

（2）横向坡度

即卵石路垂直于其中心线方向的坡度。为方便排水和使行走舒适，卵石路面的横坡坡度一般为 1%~4%，且卵石路的横坡可为一面坡也可为两面坡。

3. 卵石路的结构

卵石路一般由路面、路基组成，其中，路面从上至下又分为面层、结合层、基层和垫层等。路面各层的作用和设计要求如下：

（1）面层

面层位于路面结构最上层。它直接承受人流和大气因素的作用和破坏性影响。因此，对面层的要求是坚固、平稳、耐磨、反光小，并具有一定的粗糙度和少尘性。修筑面层的卵石常用自然卵石，卵石面层有预制和现浇之分。设计卵石面层要求有很强的装饰性和寓意性。

（2）结合层

采用卵石铺筑面层时，在面层与基层之间为了黏结和找平而设置了结合层。结合层材料一般选用 3~5 cm 厚的水泥砂浆或混合砂浆。

（3）基层

基层位于结合层之下、垫层之上。基层主要承受由面层传来的荷载垂直力，并荷载扩散到垫层和路基中，故基层应有足够的强度和刚度。通常采用混凝土作为基层，也可采用当地的碎石、灰土或各种工业废渣（如煤渣、粉煤灰、矿渣、石灰渣等）作为基层。

（4）垫层

垫层在基层与路基之间，通常设在路基排水不良和有冰冻翻浆的路段，其功能是改善路基的湿度和温度状况，以便有利于排水，并保证面层和基层的强度和刚度的稳定性，使其不受冻胀翻浆的影响。常用的垫层材料有两类：一类是松散性材料，如砂、砾石、炉渣、片石、卵石等，它们组成透水性垫层；另一类是整体性材料，如石灰土或炉渣石灰土，它们组成稳定性垫层。

（5）路基

路基是保证路面强度和稳定性的重要条件，它不仅为路面提供一个平整的基面，还承受由路面传来的荷载。对于一般土壤，如黏土和砂性土，开挖后经过夯实，即可作为路基。在严寒地区，过湿的冻胀土或湿软土，宜采用2∶8灰土加固路基，其厚度一般为15 cm。为了提高路面质量、降低造价，应尽量做到薄面、强基、稳基土，使卵石路结构经济、合理和美观。

现浇混凝土卵石路的施工工艺流程如下：

施工准备→基础放样→准备路槽→铺筑土基→安装模板→铺筑碎石→铺筑水泥层→排放卵石→拆除模板→清洗路面→安装道牙。

（二）施工准备工作

1. 施工前的准备

（1）熟悉设计文件

施工前，负责施工的单位，应组织有关人员熟悉设计文件，以便编制施工方案，为施工任务创造条件。卵石园路建设工程设计文件，包括初步设计和施工图两部分。

（2）材料、工具及设备的准备

①材料：水泥、沙子、碎石、鹅卵石。

②施工机械设备：主要有压实机械和混凝土机械，经调试合格备用。

③施工工具准备：木桩、皮尺、绳子、模板、石夯、铁锹、铁丝、钎子、运输工具等。

（3）编制施工方案

施工方案是指导施工和控制预算的文件，一般的施工方案在施工图阶段的设计文件中已经确定，但负责施工的单位，应做进一步的调查研究，根据工程的特点，结合具体施工条件，编制出更为深入而具体的施工方案。

2. 现场准备工作

施工准备内容参照园路施工相关内容。需要注意卵石路要精心选择铺地的石子，挑选出的石子按照不同颜色、不同大小分类堆放，便于铺地拼花时使用。一般开工前材料进场应在70%以上。若有运输能力，运输道路畅通，在不影响施工的条件下可随用随运。在完成所有基层和垫层的施工之后，方可进入下一道工序的施工。

（三）定点放线

根据现场控制点，测设出碎料路面园路中心线上的特征点，并打上木桩，在各中心桩上标明桩号，再以中心桩为准，根据碎料路面园路的宽度定出边桩。

（四）挖路槽

按碎料路面园路的设计宽度，每侧加宽 30 cm 挖槽，路槽深度等于路面各层的总厚度，槽底的纵、横坡坡度应与路面设计的纵、横坡坡度一致。路槽挖好后，在槽底洒水湿润，然后夯实。碎料路面园路一般用蛙式夯夯压 2~3 遍即可。

（五）铺筑基层

现浇 100 mm 厚 C15 混凝土，找平，振捣密实。铺筑碎料路面时，也可采用干性砂浆，如用干砂、细砂土、1：3 水泥干砂、3：7 细灰土等做结合层。砌筑时，先将粉砂材料在路面基层上平铺一层，其厚度为：干砂、细砂土 30~50 mm，水泥干砂、石灰砂、灰土 25~35 mm，铺好后找平，然后按照设计铺筑面层。

（六）卵石面层施工

卵石面层施工步骤如下：

1. 绘制图案

按照设计图所绘的施工坐标方格网，将所有坐标点测设到场地上并打桩定点。再用木条或塑料条等定出铺装图案的形状，调整好相互之间的距离，用铁钉将图案固定。

2. 铺设水泥砂浆结合材料

在垫层表面抹上一层 70 mm 的水泥砂浆，并用木板将其压实、整平。

3. 填充卵石

待结合材料半干时进行卵石施工。卵石要一块块插入水泥砂浆内，用抹子压实，根据设计要求，将各色石子按已绘制的线条，插出施工图设计图案，然后用清水将石子表面的水泥砂浆刷洗干净，卵石间的空隙填以水泥砂浆找平。

4. 拆除模板和后期管理

拆除模板后的空隙进行妥当处理，并洗去附着于石面的灰泥，第二天再用 30% 草酸液体洗刷表面，使石子颜色鲜明。养护期为 7 d，在此期间内应严禁行人、车辆等走动和碰撞。

（七）现浇混凝土卵石路的质量检验

一是用观察法检查卵石的规格、颜色是否符合设计要求；

二是用观察法检查铺装基层是否牢固并清扫干净；

三是卵石黏结层的水泥砂浆或混凝土标号应满足设计要求；

四是卵石镶嵌时大头朝下，埋深不小于 2/3；厚度小于 2 cm 的卵石不得平铺，嵌入砂浆深度应大于颗粒 1/2；

五是卵石顶面应平整一致，脚感舒适，不得积水，做到相邻卵石高差均匀、相邻卵石最小间距可通过观察、尺量方法检查；

六是观察镶嵌成形的卵石是否及时用抹布擦干净，保持外露部分的卵石干净、美观、整洁；

七是镶嵌养护后的卵石面层必须牢固。

四、特殊园路施工

特殊园路是指改变一般常见园路路面的形式，而以不同的方式形成的园路。它包括园林梯道、台阶、园桥、栈道和汀步等方式的园路。其特点是充分利用特殊地形资源形成各种不同的园路方式，增加园路的可变性，使其更加丰富多彩。

（一）园林梯道

园林道路在穿过高差较大的上下层台地，或者穿行在山地、陡坡地时，都要采用踏步梯道的形式。即使在广场、河岸等较平坦的地方，有时为了创造丰富的地面景观，也要设计一些踏步或梯道，使地面的造型更加富于变化。园林梯道种类及其结构设计要点如下所述：

1. 砖石阶梯踏步

以砖或整形毛石为材料，M2.5 混合砂浆砌筑台阶与踏步，砖踏步表面按设计可用 1：2 水泥砂浆抹面，也可做成水磨石踏面，或者用花岗石、防滑釉面地砖做贴面装饰。根据行人在踏步上行走的规律，一步踏的踏面宽度应设计为 28~38 cm，适当再加宽一点儿也可以，但不宜宽过 60 cm；二步踏的踏面可以宽 90~100 cm。每一级踏步的高度也要统一起来，不得高低相间。一级踏步的高度一般情况下应设计为 10~16.5 cm，因为低于 10 cm 时行走不安全，高于 16.5 cm 时行走较吃力。

儿童活动区的梯级道路，其踏步高应为 10~12 cm，踏步宽不超过 46 cm。一般情况下，园林中的台阶梯道都要考虑伤残人轮椅车和自行车推行上坡的需要，要在梯道两侧或中间带设置斜坡道。梯道太长时，应当分段插入休息缓冲平台；使梯道每一段的梯级数最好控制在 25 级以下；缓冲平台的宽度应在 1.58 m 以上，太窄时不能起到缓冲作用。在设置踏步的地段上，踏步的数量至少应为 2~3 级，如果只有一级而又没有特殊的标记，则容易被人忽略，使人绊跤。

2. 混凝土踏步

一般将斜坡上素土夯实，坡面用 1：3：6 三合土（加碎砖）或 3：7 灰土（加碎砖石）做垫层并筑实，厚 6~10 cm；其上采用 C10 混凝土现浇做踏步。踏步表面的抹面可按设计进行。每一级踏步的宽度、高度以及休息缓冲平台、轮椅坡道的设置等要求，都与砖石阶梯踏步相同。

3. 山石蹬道

在园林土山或石假山及其他一些地方，为了与自然山水园林相协调，梯级道路不采用砖石材料砌筑成整齐的阶梯，而是采用顶面平整的自然山石，依山随势地砌成山石蹬道。山石材料可根据各地资源情况选择，砌筑用的结合材料可用石灰砂浆，也可用 1：3 水泥砂浆，还可以采用砂土垫平塞缝，并用片石刹垫稳当。踏步石踏面的宽窄允许有些不同，可在 30~50 cm 之间变动。踏面高度还是应统一起来，一般采用 12~20 cm。设置山石蹬道的地方本身就是供攀登的，所以踏面高度大于砖石阶梯。

4. 攀岩天梯梯道

这种梯道是在山地风景区或园林假山上最陡的崖壁处设置的攀登通道。一般是从下至上在崖壁凿出一道道横槽作为梯步，如同天梯一样。梯道旁必须设置铁链或铁管矮栏并固定于崖壁壁面，作为攀登时的扶手。

（二）栈道

栈道多在可利用山、水界边的陡峭地形上设立，其变化多样，既是景观又可完成园路的功能。

（三）汀步

汀步常见的有板式汀步、荷叶汀步和仿树桩汀步等，其施工因形式不同而异。

1. 板式汀步

板式汀步的铺砌板，平面形状可为长方形、正方形、圆形、梯形、三角形等。梯形和三角形铺砌板主要是用来相互组合，组成板面形状有变化的规则式汀步路面。铺砌板宽度和长度可根据设计确定，其厚度常设计为 80~120 mm。板面可以用彩色水磨石来装饰，不同颜色的彩色水磨石铺路板能够铺装成美观的彩色路面。也有用木板做板式汀步的。

2. 荷叶汀步

它的步石由圆形面板、支承墩（柱）和基础三部分构成。圆形面板应设计 2~4 种尺寸规格，如直径为 450 mm、600 mm、750 mm、900 mm 等。采用 C20 细石混凝土预制面板，面板顶面可仿荷叶进行抹面装饰。抹面材料用白色水泥加绿色颜料调成浅果绿色，再加绿色细石子，按水磨石工艺抹面。抹面前要先用铜条嵌成荷叶叶脉状，抹面完成后一并磨平。为了防滑，顶面一定不能磨得很光。荷叶汀步的支柱，可用混凝土柱，也可用石柱，其设计按一般矮柱处理。基础应牢固，至少要埋深 300 mm；其底面直径不得小于汀步面板直径的 2/3。

3. 仿树桩汀步

它的施工要点是用水泥砂浆砌砖石做成树桩的基本形状，表面再用 1：2.5 或 1：3 有色水泥砂浆抹面并塑造树根与树皮形象。树桩顶面仿锯截状做成平整面，用仿本色的水泥砂浆抹面；待抹面层稍硬时，用刻刀刻画出一圈圈年轮环纹；清扫干净后，再调制深褐色水泥浆，抹进刻纹中；抹面层完全硬化之后，打磨平整，使年轮纹显现出来。

（四）艺术压花地坪

艺术压花地坪是在摊铺好的混凝土表面上，在混凝土表面析水消失后，撒彩色强化剂（干粉）对混凝土表面进行上色和强化，并使用专用工具将彩色强化剂抹入混凝土表层，使其融为一体；待表面水分光泽消失时，均匀施撒彩色脱膜养护剂（干粉），并马上用事先选定的模具在混凝土表面进行压印，实现各种设计款式、纹理和色彩。待混凝土经过适当的清理和养护之后，在表面施涂密封剂（液体），使艺术地坪表面防污染、防滑、增加亮度并再次强化。完成后的艺术地坪除了具有很好的装饰性以外，其物理性能较稳定。

艺术压花地坪是具有较强的艺术性和特殊装饰要求的地面材料。它具有易施工、一次成形、使用期长、施工快捷、修复方便、不易褪色、成本低、优质环保的优点，同时又弥补了普通彩色道板砖的整体性差、高低不平、易松动、使用周期短的不足。此外，它还具有抗耐磨、防滑、抗冻、不易起尘、易清洁、高强度、耐冲击的特点，而且色彩和款式方面有广泛的选择性、灵活性，是目前园林、市政、停车场、公园小道、商业街区和文化娱乐设施领域的理想选择。

第四章　园林给排水工程设计与施工

第一节　区域水系与区域给排水

区域分受人为活动影响较小的自然区域和受人为活动影响较大的村镇及城市两大部分。风景区、度假区、森林公园、保护区等休闲旅游地受自然区域的水系影响，而城市公园、小游园、苗圃、花园等则受城市水系和给排水系统的影响。

一、自然区域的水系、给水与排水

（一）自然区域水系

水系，也称为"河系"，是流域内各种水体构成的脉络相通系统的总称，通常包括干流、各级支流、流域内的地下暗流、沼泽及湖泊等。区域水系的某一部分可能是生产和生活的水源或水体，或是交通水运线、游览景区的景观水体、娱乐水体等。

有水就有灵气，人们在生产和生活的过程中已经总结出了赖以生存、必须具备的自然条件。有水就有多样的景观和娱乐，植物才能良好生长，创造优美舒适的环境。保护区域水系是区域经济持续发展的基础。

（二）自然区域给水系统

给水系统包括水源，取水、输水、流水、渗水途径和措施，盛水、存水的特种地形或构筑物。

水源常指河、湖、泉、沼泽、湿地等。我们应注重水源涵养、水源保护、湿地保护以及水质测定分级。

取水常指使水源流经村落、挖渠引水（南水北调，人工运河）、洼地渗水和浅井取水等。

盛水与存水常使用人工筑池、小型水库和集水旱窖等，这个过程要注意消毒。

（三） 自然区域排水系统

对于自然区域的排水系统，应注意小流域治理，陡坡退耕还林，沙地湿地还林还草，防止水土流失；河渠疏导，达标排放；治理下游水体，生态式开发利用。

二、城市的水系、给水与排水

（一） 城市水系

城市规划部门有河湖组或类似的专项规划部门专门负责城市水体的宏观规划。其主要任务为保护、开发、利用城市水系，调节和治理洪水与淤积泥沙，开辟人工河湖，兴城市水利，防治和减少城市水患。

城市绿地规划是城市总体规划的组成之一。城市园林水体又是城市水系的一部分。无论是进行城市绿地规划还是进行有水体的公园设计，都要收集、了解和勘察该地城市水系现状与水系规划。城市用地的水系是难得的自然风景资源，也是城市生态环境质量的要素，应该大力保护天然水体，并在此前提下加以开发利用，"疏源之去由，察水之来历"，水有源、流、派和归宿。园林中的水景是城市水体的一部分。我们要着眼于局部与整体的关系，把城市水体组成完整的水系。

城市水系规划为各段水体确定了一些水工控制数据，如最高水位、最低水位、常水位、水容量、桥涵过水量、流速及各种水工设施，同时也规定了各段水体的主要功能。依据这些数据进一步确定园林进水口、出水口等设施以及水位，使园林内的水体完成城市水系规划所赋予的功能——排洪蓄水。

（二） 城市水体的功能

城市水体有以下功能：

1. 排洪蓄水

城市水体是城市地面的排放水体。特别是暴雨来临、山洪暴发时，要求及时排出和蓄积洪水，防止洪水泛滥成灾，到了缺水的季节再将所蓄之水有计划地分配使用。城市水体蓄洪排涝的功能和园林本身的要求有时是矛盾的，例如常水位定得过高，岸边植物就难以生长。蓄洪过量（超过设计最高水位）时，园林水体内的鱼等水生动物便会外流。最高水位与最低水位相差悬殊时园林驳岸也不好处理。这就要求局部和整体要有协调的关系，局部服从整体，整体照顾局部。为了确保城市的安全和农业生产不受重大损失，公园要牺牲局部利益保全整体，如广州市的公园曾在遇洪水时不惜鱼虾外流也要确保大面积农业生产不受害。

2. 组织航运便于水上交通与游览

水运的运费比陆运便宜，应加以充分利用。很多世界名城利用天然河流和其他水域开展水上游览，如巴黎的塞纳河。在进行城市园林绿地系统规划时要充分考虑到这一点。这不仅可减少陆地交通的通行量，而且在夏季还可以降低炎热地带的气温，如处于亚热带的沿海城市，与园林接壤的水系是公共水运航道，对这部分水体要按航运要求结合园林特色来处理。

3. 结合发展水产事业

园林要综合发挥生态效益、社会效益和经济效益。利用园林水体进行水产方面的开发利用是切实可行的途径，但园林又不是单纯的水产养殖场，水产事业要服从水景和游览的基本需求。水的深度太浅不利于水上下对流，也不符合养鱼的要求；太深虽可进行分层养鱼，提高单位面积的水产量，但使游船活动不安全。养鱼和水生植物种植也有矛盾，因此，要因地制宜，统筹安排。

4. 调节城市的小气候条件

水体在增加空气的湿度和降温方面有显著的作用，水体面积大则这种作用就更明显。水体不仅可以改善园林内部的小气候条件，而且也有改善周围环境卫生条件的作用。

5. 美化市容

北京的什刹海、北海等水体在美化城市面貌方面起着重要的作用。国际上有些著名的城市专门建造人工湖作为城市中心。意大利的威尼斯和我国的苏州更以水城为特色。

（三）水系规划的内容

要发挥城市水体的上述功能作用，就需要开辟和整治城市水面并定出河流的等级。进行园林水景工程建设必须完成以下内容：

一是确定河湖的主要功能和等级划分，并由此确定一系列水工设施的要求和等级标准。

二是确定河湖近期和远期规划水位，包括最高水位、常水位和最低水位。这也是确定园林水体驳岸类型、岸顶高程和湖底高程的依据。

三是确定河湖在城市水系中的功能作用。这种功能作用的制定是比较概括的，如排洪、蓄水等。我们要力求在完成既定任务的前提下保护自然水体的景观，正确处理水工任务与市容环境的关系。对于得天独厚的城市天然河、湖、溪流，既要保证它们的水工功能，又要重视它们在市容环境景观方面的作用。比如有些本来作为自然景观的溪流，因为进行整治而被改为钢筋混凝土的排水沟槽，尽管在水工整治方面完成了任务，但固有的自然景观却遭到了破坏。在这种情况下，应会同城市规划、水工和园林等有关部门从综合角度出发进行整治，既要保证完成水工任务，又不破坏城市水体的自然景观。

四是确定城市水系的平面位置、代表性断面和高程。

五是确定水工构筑物的位置、规格和要求。园林水景工程除了满足这些水工要求以外，还要尽可能做到水工构筑物的园林化，使水工构筑物与园景相协调，统一水工构筑物与水景的矛盾。

(四)　水系规划常用数据

城市水系规划相关的常用数据有如下几项：

1. 水位

水体上表面的高程称为水位。将水位标尺设置在稳定的位置，水表在水位尺上的位置所示刻度的读数即水位。由于降水、潮汐、气温、沉积、冲刷等自然因素的变化和人们生产、生活活动的影响，水位会发生相应的变化。通过查阅、了解水文记载并进行实地观测可了解历史水位、现在水位的变化规律，从而为设计水位和控制水位提供依据。对于本无水面而须截天然溪流为湖池的地方，则要了解天然溪流的流量和季节性流量变化，并计算湖体容量和拦水坝溢流量来确定适宜的设计水位。

2. 流速

流速指水体流动的速度，用单位时间内流动的距离来表示，单位为 m/s 流速过慢的水体不利于水源净化。流速过快又不利于人在水中、水上的活动，同时也造成岸边受冲刷。流速由流速仪测定。临时草测可用浮标计时观察测定，从多部位观察取平均值。

3. 流量

在一定水流断面间单位时间内流过的水量称为流量。

$$流量 = 过水断面面积 \times 流速$$

在过水断面面积不相等的情况下则须取有代表性的位置作为过水断面。如水深较深、不同深度流体流速差异大，则应取平均流速。

在拟测河段上选择比较顺直、稳定、不受回水影响的一段，作为测量段，在河岸一侧设基线，基线方向与断面方向垂直。在两者交点钉木桩作为测量断面距离的标志点。断面的平面位置可用横悬测绳上的刻度来控制，可扎各色布条于横悬测绳的相应刻度上。若水深则用测杆或带铅垂和浮标的钓鱼线测定。

（五）城市给水工程与排水工程

园林绿地的给水与排水工程是城市给排水工程的一部分，因此，在讲述园林给水与排水知识之前，应对城市的给水、排水过程有个概括的了解。

城市中水的供、用、排三个环节就是通过给水系统和排水系统联系起来的。

第二节　园林给水工程

公园和其他公用绿地是群众休息、游览的场所，同时也是树木、花草较为集中的地方。因为游人活动的需要、植物的养护管理及水景用水的补充等，使园林绿地的用水量很大，所以解决好园林的用水问题是一项十分重要的工作。

一、园林给水工程的特点分析

（一）园林用水的分类

一是生活用水：如餐厅、内部食堂、茶室、小卖部、消毒饮水器及卫生设备等的用水。

二是养护用水：包括植物灌溉、动物笼舍的冲洗及夏季广场、园路的喷洒用水等。

三是造景用水：各种水体（溪涧、湖泊、池沼、瀑布、跌水、喷泉等）的用水。

四是消防用水：公园中的古建筑或主要建筑周围应该设消防栓。

（二）园林的水源与水质

园林由于其所在地区的供水情况不同，取水方式也各异。城区的园林可以直接从就近的城市自来水管引水。郊区的园林绿地，如果没有自来水供应，只能自行设法解决。附近有水质较好的江湖水的可以引用江湖水，地下水较丰富的地区可自行打井抽水。近山的园林往往有山泉，引用山泉水是最理想的。

1. 水源

园林中水的来源不外乎地表水和地下水两种。

（1）地表水

地表水包括江、河、湖、塘和浅井中的水，这些水由于长期暴露于地面上，容易受到污染，水质较差，必须经过净化和严格消毒，才可作为生活用水。如果取用的地表水较浑浊，一般每吨水加入粗制硫酸铝 20~50 g，经搅拌后，悬浮物即可凝絮沉淀，色度可减低，细菌亦可减少，但杀菌效果仍不理想，因此还须另行消毒。

（2）地下水

地下水不易受污染，水质较好，一般情况下除做必要的消毒外，不必再净化。

水的消毒方法很多，其中加氯法使用最普遍。将漂白粉放入水中对水体进行消毒，漂白粉与水作用产生氯化钙、氢氧化钙及次氯酸（HClO），而次氯酸很容易分解，分解后释放出初生态氧，它是强氧化剂，性质活泼，能将细菌等有机物氧化，从而将其杀灭。

2. 水质

因用途不同，可对不同水质的园林用水分别进行处理。

（1）生活用水的水质要求比较高，必须经过严格的净化消毒，使水质符合国家卫生标准。

（2）养护用水只要无害于动植物、不污染环境即可。

（3）造景用水（尤其是喷泉）要求水中的杂质含量达到一定标准，同时水体中不能有异味和有害菌。

（4）公园中除生活用水外，其他方面用水的水质要求可根据情况适当降低。例如无害于植物、不污染环境的水都可用于植物灌溉和水景用水的补给。如条件许可，这类用水可取自园内水体。大型喷泉、瀑布用水量较大，可考虑自设循环水泵。

园林给水工程的任务就是经济、合理、安全、可靠地满足以上四个方面的用水需求。

（三）园林给水的特点

园林给水的特点如下：

一是园林中用水点较分散。

二是由于用水点常分布于起伏的地形上，高程变化大。

三是水质可据用途不同分别处理。

二、园林给水管网的布置

（一）给水系统的组成

给水系统包括如下几项：

1. 取水工程

取水工程是从水源取水的工程，通常由取水构筑物、管道、设备等组成。园林用水也可以从城市给水管网中直接取用。

2. 净水工程

净水工程是在需要的情况下，通过各种措施对原水进行净化、消毒处理，去除水中有害杂质、提高水质的工程。

3. 输配水工程

输配水工程是通过设置配水管网将水送至各用水点的工程，包括输水管道、配水管道、泵站、水塔和水池等调节构筑物。

（二）给水水源的选择

给水水源一般有如下三项：

1. 城市自来水管引水

城市公园或近郊的风景区可以直接从城市的给水管网系统引水。

2. 引用江湖水（地表水）

地表水包括江、河、湖、塘和浅井中的水。由于这些水容易受到污染，水质较差，所以必须经过净化和严格的消毒，才可以使用。

3. 地下水

地下水包括泉水和深井中的水，泉水是沏茶用水的最好选择，深井水可常年常时供应。

（三）给水管网的基本布置形式

给水管网的基本布置形式有以下三种：

1. 树枝状管网

树枝状管网由干管和支管组成，布置犹如树枝，从树干到树梢越来越细，适用于用水量不大、用水点较分散的情况。

这种布置比较简单，省管材。布线形式就像树干分杈、分枝，它适合于用水点较分散的情况，对分期发展的公园有利。但树枝状管网供水的保证率较差，一旦管网出现问题或须维修，影响较大。在树枝状管网的末端，因用水最小，管中水流缓慢，甚至停留，水质易变坏。

2. 环状管网

环状管网是把供水管网闭合成环，使管网供水能互相调剂。当环状管网中的某一管段出现故障时也不致影响供水，从而提高了供水的可靠性。但这种布置形式较费管材，投资较大。

3. 混合管网

在实际工程中，给水管网往往采用以上两种布置形式，这样的形式叫作混合管网。在初期工程中，可对连续性供水要求较高的局部地区、地段布置环状管网，其余采用树枝状管网，然后再根据改扩建的需要增加环状管网在整个管网中所占的比例。

在进行公园给水管网的布置时除了要了解园内用水的特点外，公园四周的给水情况也很重要，它往往影响管网的布置方式。一般市区小公园的给水可由一点引入。但对较大型的公园，特别是地形较复杂的公园，为了节约管材，减少水头损失，有条件的最好采取多点引水。

(四) 管网布置原则

进行管网布置时要注意以下原则：

一是干管应靠近主要供水点，保证有足够的水量和水压。

二是干管应靠近调节设施（如高位水池或水塔）。

三是在保证不受冻的情况下，干管宜随地形起伏敷设，避开复杂地形和难于施工的地段，以减少土石方工程量。

四是管网布置必须保证供水安全可靠，干管一般随主要道路布置，宜呈环状，但应尽量避免在园路和铺装场地下敷设；干管应尽量埋设于绿地下。

五是和其他管道按规定保持一定距离。

六是力求以最短距离敷设管线，以降低费用。

七是在保证管线安全不受破坏的前提下，干管宜随地形敷设，避开复杂地形和难以施工的地段，减少土方工程量。在地形高差较大时，可考虑分压供水或局部加压，不仅能节约能量，还可以避免地形较低处的管网承受较高压力。

八是分段分区设检修井、阀门井，一般在干管与支干管、支干管与支管连接处设阀门井，在转折处设井，干管长度≤500 m设井。

九是预留支管接口。

十是管端井应设泄水阀。

十一是确定管顶覆土厚度：管顶有外荷载时≥0.7 m；管顶无外荷载且无冰冻时覆土厚度可<0.7 m，给水管在冰冻地区应埋设在冰冻线以下 20 cm 处。

十二是消火栓的设置：在建筑群中间距≤120 m；距建筑外墙≤5 m，最小为 1.5m；距路缘石≤2 m。

（五）管网布置的规定

1. 管道埋深

在冰冻地区，管道应埋设于冰冻线以下40 cm处；在不冻或轻冻地区，覆土深度不能小于70 cm。管道不宜埋得过深，埋得过深工程造价高，但也不宜过浅，否则管道易遭破坏。

2. 阀门及消防栓

给水管网的交点叫作节点，在节点上设有阀门等附件，为了检修管理方便，节点处应设阀门井。

阀门除安装在支管和干管的连接处外，为便于检修养护，要求每500 m直线距离设一个阀门井。配水管上要安装消防栓，按规定其间距通常为120 m，且其位置距建筑不得小于5 m，为了便于消防车补给水，离车行道不大于2 m。

3. 管道材料的选择

（1）钢管

钢管有焊接钢管和无缝钢管两种，焊接钢管又分为镀锌管和黑铁管，室内饮用给水一般使用镀锌钢管。钢管管道施工造价高、工期长，但耐久性比较好。

（2）铸铁管

铸铁管分为灰铸铁管和球墨铸铁管。灰铸铁管耐久性好，但质脆，不耐弯折和振动，内壁光滑度较差。球墨铸铁管抗压、抗振强度大，具有一定的弹性，施工时采用承插式，用胶圈密封，施工较方便，但造价高于灰铸铁管。

（3）钢筋混凝土管

钢筋混凝土管有普通钢筋混凝土管和预应力钢筒混凝土管（PCCP）两种。这类管材多用于输水量大的园林给水系统，普通的混凝土管材由于质脆、质量大，在防渗和密闭上都不好处理，多用作排水管。预应力钢筒混凝土管具有承受内外压较高、接头密封性好、抗振能力强、施工方便快捷、防腐性能好、维护方便等特性，被广泛应用于长间隔输水干线、压力排污干管等。

（4）塑料管

塑料管的种类很多，常用的有聚氯乙烯（PVC）管、聚乙烯（PE）管、聚丙烯（PP）管等。这些材料表面光滑，不易结垢，水头损失小，耐腐蚀，质量轻，连接方便，多用于小管径（一般DN小于200 mm）的输水管材。

第三节　园林给水管网设计

城市给水管线绝大部分埋在绿地下，当穿越道路、广场时才设在硬质铺地下，特殊情况下也可考虑设在地面上。给水管线的敷设原则如下：

一是水管管顶以上的覆土深度，在非冰冻地区金属管道一般不小于 0.7 m，非金属管道为 1.0~1.2 m。

二是冰冻地区除考虑以上条件外，还须考虑土壤冰冻深度，一般水管的埋深在冰冻线以下的深度要求为：管径 d=300~600 mm 时，为 $0.75d$；d>600 mm 时，为 $0.5d$。

三是在土壤耐压力较高和地下水位较低时，水管可直接埋在天然地基上，但在岩基上应加垫砂层。对承载力达不到要求的地基土层，应进行基础处理。

四是给水管道相互交叉时，其净距不小于 0.15 m；与污水管平行时，间距取 1.5 m；与污水管或输送有毒液体的管道交叉时，给水管道应敷设在上面，且不应有接口重叠。

喷灌是借助一套专门的设备将具有压力的水喷射到空中，散成水滴降落到地面，供给植物水分的一种灌溉方法。

一、固定式喷灌工程设计

（一）基础资料的收集

要收集的基础资料包括：地形图；气象资料；土壤资料；植被情况；水源条件。

（二）喷头布置形式

喷头布置形式也叫喷头组合形式，指各喷头相对位置的安排。喷嘴喷洒的形状有圆形和扇形，一般扇形只用在场地的边角上，其他情况下用圆形。

喷头布置的原则有以下三点：

1. 等间距，等密度，最大限度地满足喷灌均匀度要求。

2. 在无风和微风的情况下，喷灌区域外不大量溅水。

3. 充分考虑风对喷灌水量分布的影响，将这种影响的程度降到最低。喷头布置的顺序（闭边界）要求有以下三点：

①在边界的转折点上布置喷头。（角）

②在转折点的边界上按照一定的间距布置喷头，要求喷头的间距尽量相等。（边）

③在边界的区域里布置喷头，要求喷头的密度尽量相等。（中间）

（三）轮灌区划分

轮灌区是指受单一阀门控制且同步工作的喷头和相应管网构成的局部喷灌系统。轮灌区划分是指根据水源的供水能力将喷灌区域划分为相对独立的工作区域以便轮流灌溉。划分轮灌区还便于分区进行控制性供水，以满足不同植物的需水要求，也有助于降低喷灌系统工程造价和运行费用。

（四）管线布置的注意事项

一是在山地上，干管沿主坡向、脊线布置，支管沿等高线布置。

二是在缓坡地上，干管尽可能沿路布置，支管与干管垂直。

三是在经常刮风的地区，支管与主风向垂直。

四是支管不可过长，支管首端与末端压力差不超过工作压力的20%。

五是压力水源（泵站）尽可能布置在喷灌系统中心。

六是每根支管均应安装阀门。

七是支管竖管的间距按选用的喷头射程、布置方式、风向及风速而定。

（五）选择管径

主管管径（DN）与主管上连接支管的数量以及设计同时工作的支管的数量有关，主管的流量（Q）随同时工作的支管数量变化而变化。

二、园林绿地喷灌系统的类型

按喷灌形式，喷灌系统可分为移动式、固定式和半固定式三种。

（一）移动式喷灌系统

此种形式要求灌溉区有天然地表水源，其动力设备（电动机、汽油或柴油发动机）、水泵、管道和喷头等是可以移动的。由于不需要埋设管道等设备，所以投资较少，机动性强，但操作不便，适用于天然水源充裕的地区，尤其适用于水网地区的园林绿地、苗圃和花圃的灌溉。

（二）固定式喷灌系统

此种系统的泵站固定，干支管均埋于地下，喷头固定于立管上，也可临时安装。固定式喷灌系统的设备费用较高，但操作方便，节约劳动力，便于实现自动化和遥控操作，适用于需要经常灌溉和灌溉期较长的草坪、大型花坛、花画、庭园绿地等。

（三）半固定式喷灌系统

此系统的泵站和干管固定，支管和喷头可移动。选用上述哪种喷灌系统应视具体情况而定，也可混合使用。

三、喷灌系统的构成

喷灌系统通常由喷头、管材和管件、控制设备、过滤装置、加压设备及水源等构成，用市政供水的中小型绿地的喷灌系统一般无须设置过滤装置和加压设备。

（一）喷头

喷头可分为外露式喷头和地埋式喷头。地埋式喷头是指非工作状态下埋藏在地面以下的喷头。工作时，这类喷头的喷芯在水压的作用下伸出地面，其优点是不影响园林的景观效果，不妨碍游人活动，其射程、射角及覆盖角度等喷洒性能易于调节，雾化效果好，能够更好地满足园林绿地和运动场草坪的专业化喷灌要求。

（二）管材和管件

管材和管件在绿地喷灌系统中起着纽带的作用。它们将喷头、闸阀、水泵等设备按照特定的方式连接在一起，构成喷灌管网系统。在喷灌行业里，聚氯乙烯（PVC）、聚乙烯（PE）和聚丙烯（PP）等塑料管正在逐渐取代其他材质的管道，成为喷灌系统主要使用的管材。

（三）控制设备

控制设备构成了绿地喷灌系统的指挥体系。按功能与作用的不同，控制设备分为以下几种：

1. 状态性控制设备

此类设备指喷灌系统中能够满足设计和使用要求的各类阀门。按照控制方式的不同可将这些阀门分为手控阀（如闸阀、球阀和快速连接阀）、电磁阀（包括直阀和角阀）与水力阀。

2. 安全性控制设备

此类设备是指保证喷灌系统在设计条件下安全运行的各种控制设备，如减压阀、调压孔板、止逆阀、空气阀、水锤消除阀和自动泄水阀等。

3. 指令性控制设备

此类设备是指在喷灌系统的运行和管理中起指挥作用的各种控制设备，包括各种控制器、遥控器、传感器、气象站和中央控制系统等。指令性控制设备的应用使喷灌系统的运行具有智能化的特征，不仅可以降低系统运行和管理的费用，而且还提高了水的利用率。

4. 控制电缆

控制电缆是指传输控制信号的电缆。

（四）过滤装置

当水中含有泥沙、固体悬浮物、有机物等杂质时，为了防止它们堵塞喷灌系统的管道、阀门和喷头，必须使用过滤设备。

（五）加压设备

当使用地下水或地表水作为喷灌用水，或者当市政管网水压不能满足喷灌的要求时，需要使用加压设备为喷灌系统供水，以保证喷头所需的工作压力。常用的加压设备主要有各类水泵。

第四节　园林排水工程

一、园林排水

（一）园林排水的特点

园林排水有如下特点：

一是主要排出雨水和少量的生活用水。

二是园林中地形起伏多变，有利于地面水的排出。

三是园林中大多有水体，雨水可就近排入水体。

四是园林可采用多种方式排水，不同地段可根据具体情况采用适当的排水方式。

五是排水设施应可能结合造景设置。

六是排水的同时还要考虑土壤能吸收到足够的水分，以利植物生长，干旱地区尤应注意保水。

（二）园林排水的形式

公园中排出地表径流基本上有三种形式，即地面排水、沟渠排水和管道排水，三者之间以地面排水最为经济。现对排水量相近的几种常见排水设施的造价做一比较，设以管道（混凝土管或钢筋混凝土管）的造价为100%，则石砌明沟约为管道造价的58.0%，砖砌明沟约为68.0%，砖砌加盖明沟约为279%，而土明沟只为2%。由此可见地面排水具有较好的经济性。

在我国，大部分公园绿地都采用"地面排水为主，沟渠和管道排水为辅"的综合排水方式，如北京的颐和园、北海公园，上海复兴岛公园等。复兴岛公园完全采用地面和浅明沟排水，不仅经济实用，便于维修，而且景观设置更显自然。

1. 地面排水

地面排水是公园排雨水的主要方法，是利用地面坡度使雨水汇集，再通过沟、谷、涧等有组织地排出地面水的方法。地面排水的方式可以归结为五个字，即拦、阻、蓄、分、导。

拦——把地表水拦截于园地或某个局部之外。

阻——在径流流经的路线上设置障碍物挡水，达到消力降速、减少冲刷的作用。

蓄——蓄包含两方面意义，一是采取措施使土壤多蓄水；二是利用地表洼处或池塘蓄水。这对干旱地区的园林绿地尤其重要。

分——用山石建筑墙体等将大股的地表径流分成多股细流，以减小危害。

导——把多余的地表水或可能造成危害的地表径流利用地面、明沟、道路边沟或地下管及时排放到园内（或园外）的水体或雨水管渠中去。

采用地面排水的方式，要充分考虑地面高低起伏的情况，采取一定的工程措施，避免积水对地表过度冲刷而造成水土流失。地表径流的流速过大，会冲蚀地表土层。因此，在竖向设计时，应该根据地面坡度将谷、涧、沟等顺其自然地适当加以组织，划分排水区域，使雨水能沿着地形就近排入水体或附近的雨水管中。但是降水如果在地面流动的流速过大，会冲蚀地表，因此设计时要控制地形坡度，使之不至于过陡，同一坡度（即使坡度不太大）的坡面不宜延续过长，应该有起伏，使地表径流不致一冲到底，形成大流速的径流。应利用盘山道、谷线等拦截和组织排水，减少水土流失。

在园林中防止冲刷的主要措施有以下几种：

（1）谷方

地表径流在谷线或山洼处汇集，形成大流速径流，为了防止其对地表的冲刷，在汇水线上布置一些山石，借以减缓水流的冲力，达到降低水流流速、保护地表的作用。这些山石就叫作"谷方"。作为"谷（谷底）方（障碍物）"的山石须具有一定的体量，且应深埋浅露，才能抵挡住径流的冲击。谷方如布置得自然得当，可成为优美的山谷景观；雨天，流水穿行于"谷方"之间，又能形成生动有趣的水景。

（2）挡水石、护土筋

利用山道边沟排水时，在坡度变化较大的地方，表层土层容易被冲蚀，甚至会损坏路基，在台阶两侧或陡坡处置石挡水，这种石头叫作"挡水石"。

在沿山路两侧坡度较大或边沟沟底纵坡较陡的地段，将砖或其他块材像鱼骨一样沿水流方向成行地埋置于土中（与道路中线成一定角度），这种设施叫作"护土筋"。挡水石和护土筋可以阻止径流过大对土壤的冲蚀，保护路面和地基。

（3）出水口

利用地面或明渠排水时，为了保护岸坡并结合造景，出水口应做适当处理，常见的工程措施是"水簸箕"，它是一种敞口的排水槽。

雨水排水口应结合造景，用山石布置成峡谷、溪涧，落差大的地段还可以处理成跌水或小瀑布，丰富园林的地貌景观。

裸露地面很容易被雨水冲蚀，而有植被时则不易被冲刷。一方面，植物根系深入地表将表层土壤颗粒稳固住，使之不易被地表径流带走；另一方面，植被本身阻挡了雨水对地表的直接冲击，吸收了部分雨水并减缓了径流的流速。所以加强绿化，是防止地表水土流失的重要手段之一。

2. 明沟排水

依靠在地面上和岩面上开设的各种断面形式的明沟进行排水叫作明沟排水。土质明沟较多，其断面形式有梯形、三角形和矩形，按结构可分为砖明沟、卵石明沟和混凝土明沟。沟内可以种植植物，也可以根据需要砌筑砖、石。明沟排水如能利用得好，可以创造带有动水因素的水景景观。

3. 管道排水

当园林中的某些局部不方便使用明沟排水时，可以敷设专用管道排水。管道排水封闭性好，尤其适用于有污染物的废水的排出，但造价较高。

4. 盲沟排水

盲沟又称暗沟，是一种地下排水渠道，用于排出地下水，降低地下水位。沟底纵坡坡度不得小于 0.5%，要是有可能，纵坡坡度应尽可能大一些，以利于地下水的排出。

盲沟排水的优点：取材方便，利用砖、石等材料，造价相对低廉；地面没有雨水口、检查井之类的构筑物，从而保持了园林、绿地、草坪及其他活动场地的完整性。其布置形式取决于地形及地下水的流动方向。常见的有三种形式，即树枝式、鱼骨式和铁耙式，分别适用于洼地、谷地和坡地。

盲沟的埋深主要取决于植物对地下水位的要求、植物根系的影响、土壤质地、冰冻深度及地面荷载情况等因素，通常在 1.2~1.7 m。支管间距则取决于土壤种类、排水量和排水要求，要求高的场地多设支管，支管间距一般为 9~24 m。盲沟沟底纵坡不小于 0.5%，尽可能取大。盲沟的构造因透水材料多种多样，故类型也多。

二、园林排水管道系统

(一) 园林排水管道系统的组成

1. 雨水口

雨水口是雨水管渠上收集雨水的构筑物，常设在道路边沟、汇水点和截水点上，间距一般为 25~60 m。当雨水口处于园路与铺装场地中时，应使井箅的花纹、色彩与周围景物相协调；当处于绿地中时，雨水口可做草坪井盖，也可用花点缀。

2. 连接管

连接管是雨水口与检查井之间的连接管段，长度一般不超过 25 m，坡度不小于 1%。

3. 检查井

设置检查井的目的是方便进行管段连接和管道清通，通常设在管渠转弯、交会、管渠尺寸和坡度改变处。常用井口直径为 600~700 mm。园林中有时地形较陡，为了保证管道有足够的覆土深度，管道有时须跌落若干高度，在这种跌落处设置的检查井便是跌水井。

跌水井是设有消能设施的检查井。当管道直径不大于 400 mm 时，一般采用竖管式跌水井；当管道直径大于 400 mm 时，一般采用溢流堰式跌水井。如果上下游管底标高落差小于 1m，一般只将检查井底部做成斜坡，而不采取专门的跌水措施。

4. 出水口

出水口是排水管渠排入水体的构筑物，其形式和位置视水位和水流方向而定。出水口的管道标高要在常水位以上，以免水体倒灌，泥沙淤积。水体岸边连接处应采取防冲刷和加固措施，一般用浆砌块石做护墙和铺底。如果水流速度过快，要做防护措施。

（二）明沟、雨水管渠设计原则

明沟、雨水管渠的设计原则如下：

一是充分利用地形，就近排入水体。

二是结合道路规划布局。

三是结合竖向设计进行排水设计。

四是雨水管渠在自然或者面积较大的公园绿地中多采用自然明沟形式，在城市广场、小游园等可用加盖明沟或管道排水。

五是雨水口不要设于游人常到的地方。一般 25~60 m 范围内设一个雨水口。

（三）管道材料的选择比较

1. 钢筋混凝土管

钢筋混凝土管的原材料较易获得，价格较低，制造简单方便，缺点是抗腐蚀性较差，管节较短，接头多，施工复杂，抗渗漏性差，质量大，运输费用高。

2. 埋地排水塑料管

PVC-U 直壁管［最大管径 DN630 mm（下同）］，PVC-U 加筋管（DN500mm），PVC-U 肋壁螺旋管（DN600 mm），PE 双壁波纹管（DN1 200 mm），HDPE 管等也常被使用。

塑料管材的主要优点：质量轻，装运方便，其密度仅为混凝土管的 1/3，装卸方便，可降低运费 1/2~1/3；流动阻力小，管内壁光滑，其粗糙系数仅为 0.001~0.009，而混凝土管、钢筋混凝土管的粗糙系数为 0.013~0.014，故在同等管径、相同坡度的条件下，塑料管材比钢筋混凝土管的过水能力高 30%~40%，或在相同流量下管径可缩小；具有优异的耐酸、耐碱、抗腐蚀性，产品使用寿命长，一般大于 50 年；管节长，接头少，安装速度快，提高了整条管线的质量，抗漏、抗渗性能好；机械强度大，抗冲击性能好；施工简易，易于维护。

3. 管道材料的比较

（1）主材价格。钢筋混凝土管最便宜，塑料管的单价为钢筋混凝土管的 2~5 倍。

（2）基础处理。在地质条件较差的地区，钢筋混凝土管必须采用混凝土条形基础，而塑料管只须采用砂垫层基础。在相同管径、相同埋深的情况下，混凝土条形基础需要开挖的深度大，养护时间长，施工复杂。一般来说，混凝土条形基础较砂垫层基础总体工程造价会增加 10% 左右。

（3）施工工序的对比如下：

①钢筋混凝土管的施工工序：开挖→地基处理→基础支护→混凝土搅拌、基础浇筑→养护、管道吊装定位→接口及养护→试水、回填。

②塑料管的施工工序：开挖→地基处理→砂垫层敷设→管道安装→接口、试水、回填。

（4）就一次性投入综合造价而言，在地质条件好的地区，排水塑料管造价略高于钢筋混凝土管，在地质条件差的地区，排水塑料管的造价和钢筋混凝土管的差不多，甚至有时略低于钢筋混凝土管。

由于排水塑料管的正常使用寿命为 50 年以上，而钢筋混凝土管的使用寿命只有 20~30 年，因此，综合而言，排水塑料管综合造价折合得到的每年的平均投入低于钢筋混凝土管的年均造价。

第五章 水景工程设计与施工

第一节　园林水景与构成

一、水景概述

（一）水的艺术形态

因水成景、由水得景均称水景。园林中的水景源于自然，又高于自然，是人类的艺术创造。水让人感觉开朗豁达、温存亲切、清爽凉快、生动活泼、愉快轻松。此外，水还有以下特性：

一是有渗透、迷离、暗示感。

二是具有亲和感。

三是具有延伸感。

四是具有藏幽感。

五是具有萦回、隐约感。

六是具有隔流作用。

七是具有引出、引入作用。

八是具有收聚作用。

九是可以设计成水幕。

十是令视野开阔。

（二）水的基本表现形式

水有四种基本表现形式。

一是流水。流水有溪流、江河等，有急缓、流量、流速、幅度大小、深浅之分。

二是落水。落水有瀑布、跌水、叠水等，水由高处下落。

三是静水。静水平和宁静，清澈见底，突出色、波、影。

四是压力水。压力水包括喷水、涌水、溢泉、间隙水等，体现动态、欢乐，形态丰富。

二、现代自然山水园的理水技艺

现代自然山水园的理水技艺有如下几种：

一是主次分明，聚散有致。

二是因势而曲，随形做岸。

三是湖岛相间，虚实对比。

四是山因水活，水随山转。

五是水园旱作。

六是曲水流觞。

三、水的成景特性

水在成景时具有可塑性、镜像性、流动性和文化性。

第二节　人工湖工程

湖属于静态水体，有天然湖和人工湖之分。前者是自然的水域景观，后者则是人工依地势就低挖掘而成的水域，沿岸因境设景，形成美丽的湖景图画。

一、人工湖平面设计

水大，水体为衬托背景，得水而媚，组成景点的脉络；水长，水体则体现自然溪涧的源远流长，利用宽窄对比，深邃藏幽，借收放而呈序列变化，借带状水面的导向性而引人入胜。

湖体岸线要讲究"线形艺术"，人工湖的平面形状直接影响湖景的水景形象表现及其风景效果。常见的水面形象有肾形、葫芦形、兽皮形、钥匙形、菜刀形、聚合形等。

在进行水面平面设计时，还要通过堤、岛、桥、汀石等对水面进行分隔，把水面分成不同的区域，增加水面层次。应该注意的是：在分出的水区中应当有一个面积最大、位置最突出的主水面，而其他水区的面积应较小，每块水体的大小也不一样，作为次水面。一般来说，主水面的面积至少应为最大一块次水面面积的两倍以上。

二、人工湖结构设计

（一）人工湖基址选择

人工湖基址选择应注意以下几点：

一是黏土、沙质黏土、壤土，土质细密、土层深厚或渗透力小的黏土夹层是最适合挖湖的土壤类型。

二是以砾石为主，黏土夹层结构密实的地段，也适宜挖湖。

三是沙土、卵石等容易漏水，应尽量避免在其上挖湖。

四是基地有淤泥或草煤层等松软层时，可全部挖出后建湖。

五是湖岸立基的土壤必须坚实。由于黏土在湖水到达低水位时容易开裂，湿时又会形成松软的土层、泥浆，故纯黏土不能作为湖的驳岸。

在挖湖施工之前，应先探明土质情况，再决定这一区域是否适合挖湖以及施工时应采取的工程措施。

（二）人工湖开挖的施工程序

一是认真分析设计图纸，并按设计图纸确定土方量。

二是详细勘察现场，按设计线形定点放线。

三是考察基址渗漏状况。好的湖底全年水量损失占水体积的5%～10%，一般水平的湖底的水损失为10%～20%，较差的湖底层的水损失为20%～40%，以此制定施工方法及工程措施。

四是湖底做法应因地制宜。其中灰土湖底适于大面积湖体，混凝土湖底适于较小的湖池。

（三）湖水水位估算

对于较大的人工湖，由于风吹、蒸发而造成的水量损失非常大，另外湖底渗漏等因素也会造成水量减少，依此可计算最低水位，并应酌情考虑湖水补给；结合雨季进入湖中雨水的总量，可计算出最高水位；结合湖中的给水量，可计算出常水位，这些都是进行人工湖驳岸设计必不可少的数据。

（四）湖底

1. 湖底的做法应因地制宜。对于渗透性极小、基本不漏水的人工湖，湖底无须特别处理，适当夯实即可。

2. 对于基址地下水位较高的人工湖，为避免湖底受地下水的挤压而被抬高，必须注意排放地下水。常见的做法是在湖底铺设 15 cm 厚的碎石层，上面再铺 5~7cm 厚的沙子。如果这种方法无法解决，也可在湖底开挖环状排水沟，并在排水沟底部铺设带孔的 PVC 管，四周用碎石填塞。

3. 常规的湖底处理一般包括基层、防水层、保护层、覆盖层。

①基层：一般土层经碾压平整即可。砂砾或卵石基层经碾压平整后，其上再铺厚度为 15 cm 的细土层。

②防水层：现代园林常用的防水层材料有聚乙烯防水毯、聚氯乙烯防水毯、三元乙丙橡胶、膨润土防水毯、赛柏斯掺合剂、土壤固化剂等。

③保护层：在防水层上平铺 15 cm 厚的过筛细土，以保护防水材料不被破坏。

④覆盖层：在保护层上覆盖 50 cm 厚的回填土，可延长保护层寿命，须种植植物的地段可设种植池。

第三节 溪流、瀑布、跌水工程

一、溪流工程

小溪是自然界溪流的艺术再现，是连续的带状动态水体。溪流设计讲究曲折变化，水面有收有放，形成强烈的宽窄对比。溪中常分布汀步、小桥、滩地、点石等。岸边有若即若离的小路，凹凸不平，宽窄变化。

（一）小溪的设计要点

1. 平面设计

（1）小溪的设计讲究师法自然，宽窄曲直对比强烈，空间分隔开合有序。平面上要求蜿蜒曲折，立面上要求有缓有陡，整个带状游览空间层次分明，组合有致，富于节奏感。

（2）小溪布置最好选择有一定坡度的基址，并依流势而设计，池底坡度以 1%~2.5% 为宜，急流处坡度为 5%左右，缓流处坡度为 0.5%~1%。

（3）对游人可能涉入的溪流，其水深应设计在 30 cm 以下，以防儿童溺水。水底应做防滑处理。如果还可用于游泳，则应安装过滤装置（一般可将瀑布、溪流、汲水池的循环、过滤装置集中设置)。

(4) 溪底可选用大卵石、砾石、水洗砾石、瓷砖、石料等进行铺砌处理，美化溪流景观。溪底适当加入砾石，种植苔藻，会使溪流景观更显自然。

(5) 溪流比较长时，可设置蓄水池、溪道中散放山石创造水的各种流态，栽植沉水植物，间养红鲤赏其水色，布置跌水听其水声，充分展示水的形态、色彩、声音之美。

(6) 水底与防护堤都应设防水层，防止溪流渗漏。

2. 立面设计

溪流立面设计要求有缓有陡，溪流宽 1~2 m，水深 5~10 cm，一般以不超过 30 cm 为宜，平均流量为 0.5 m^3/s，流速 20 cm/s。有经验数据表明，一条长 30 m 的小溪需要一个 3.8 m^3 的蓄水池。

3. 结构设计

通过绘制小溪剖面图，表现溪壁和溪底的结构、材料、尺寸，还要表现小溪的给排水系统以及溪底的高程和坡度。

(二) 溪流施工

溪流按以下步骤施工：

一是施工准备。溪流施工之前要先进行现场勘查，施工人员熟悉设计图纸，准备施工材料、施工机具等，对施工现场进行清理平整，接通水电，搭置必要的临时设施等。

二是溪道放线。依据设计图纸，用白灰、黄沙等勾出小溪的轮廓，并确定小溪循环用水的出水口和承水池间的管线走向。由于溪道宽窄变化多，放线时应加密打桩量，特别是转弯点。各桩要标明对应的设计高程，变坡点（设计小跌水之处）要做特殊标记。

三是溪槽开挖。小溪要按设计要求掘成 U 形坑。挖掘时，要注意保护表层较肥沃的土壤，作为种植用土。溪道开挖要有足够的宽度和深度才能安装散点石。溪道挖好后，要将溪底基土夯实，将溪壁拍实。如果溪底用混凝土结构，则应先在溪底铺 10~15 cm 厚的碎石作为垫层。

四是溪底施工。常见的溪底有混凝土结构和柔性结构两种。

五是溪壁施工。溪岸可用大卵石、砾石、瓷砖、石料等铺砌处理。和溪底一样，溪岸也必须设置防水层，防止溪流渗漏。如果小溪环境开阔，溪面宽、水浅，可将溪岸做成草坪护坡，且坡度尽量平缓，临水处用卵石封边即可。

六是溪道装饰。将较少的卵石放在溪床上，会使水面产生轻柔的涟漪，让溪流看起来更自然有趣。可同时按设计要求进行管网安装，最后点缀景石，配以水生植物。在适当位置设置小桥、汀步等小品。

七是试水。试水的目的是检验水池结构的安全性和水池的施工质量。试水之前应先将溪道全面清洁并检查管路的安装情况，然后再打开水源，仔细检查。

二、瀑布

瀑布是自然界中河床造成陡坎，水从陡坎处下跌时所形成的优美动人或奔腾咆哮的景观。瀑布属于动态水体，有天然瀑布和人工瀑布之分。

（一）瀑布的构成

瀑布一般由背景，上游集聚的水源、落水口、瀑身、承水潭及下流的溪水组成。

（二）瀑布的设计

1. 瀑布的设计要点

设计瀑布时要注意以下要点：

（1）筑造瀑布景观，应师法自然，以自然的瀑布作为造景砌石的参考，来体现自然情趣。

（2）设计前须先行勘查现场地形，以决定瀑布的大小、比例及形式，并依此绘制平面图。

（3）瀑布设计有多种形式，筑造时要考虑水源的大小、景观主题，并依照岩石组合形式的不同进行合理的创新和变化。

（4）庭园属于平坦的地形时，瀑布不要设计得过高，以免看起来不自然。

（5）为节约用水，减少瀑布流水的损失，可装置循环水流系统，平时只须补充一些因蒸散而损失的水量。

（6）应以岩石及植栽隐蔽出水口，切忌露出塑胶水管，否则将破坏景观的自然性。

（7）岩石间的固定除用石与石互相咬合外，目前常以水泥强化其安全性，但应尽量以植栽掩饰，以免破坏自然山水的意境。

2. 瀑布的细部设计

按瀑布跌落方式分为：直瀑、分瀑、跌瀑、滑瀑。景观良好的瀑布具有以下特征：

①水流经过的地方常由坚硬扁平的岩石构成，瀑布边缘轮廓清晰可见，人工模仿的瀑布常设置各种主景石，如镜石、分流石、破滚石、承瀑石等。

②瀑布口多为结构紧密的岩石悬挑而出，俗称泻水石。水由落水口倾泻而下，水力巨

大，泥沙、细石及松散物均被冲走。

③瀑布落水后接承水潭，潭周有被水冲蚀的岩石和散生湿生植物。

瀑布口的设计很重要，它直接决定了瀑布的水形。常见的瀑布水形有布瀑、带瀑、线瀑三种。

瀑布的落水形式多种多样，有丝落（包括泪落、线落等）、布落、离落、段落、披落、水帘落、跌水等。

3. 瀑布用水量设计

对于循环供水瀑布，凡瀑布流经的岩石缝隙都必须封死，防止将泥土冲刷至潭中，影响瀑布的水质。水泵是提升水流到瀑布口的基本动力设备。大型瀑布的用水量大，应选用大流量的水泵，并要在瀑布后面或地下修建泵房；小型瀑布的水量较小，可以直接将潜水泵放在瀑布承水潭的隐蔽处。用水量计算公式为

$$Q = K \times B \times H^{\frac{3}{2}}$$

式中：$K = 107.1 + (0.177/H + 14.22 \times H/D)$；

Q——用水量，m^3/h；

B——全堰幅宽，m；

H——堰顶水膜厚度，m；

D——贮水槽深，m。

4. 瀑布出水口的设计

不论引用自然水源还是自来水，均应于出水口上端设立水槽储水。水槽设于假山上隐蔽的地方，水经过水槽，再由水槽中落下。为保证瀑布效果，要求出水口水平光滑。水要求清澈、洁净、无色无味。在堰口多采用铜、不锈钢板、杜邦板、铝合金板、复合钢板制成唇膜，保证落水整齐、光滑。水流流速不超过 0.9～1.2 m/s，增加堰顶蓄水池深度，形成壮观的瀑布。瀑身高度 H 与人的主视点位置有关，一般来讲，水潭宽 $\alpha \geq 2H/3$。

5. 瀑布承水潭设计

瀑布宽度至少应是瀑布高度的 2/3，即 $B = 2H/3$，以防水花溅出，且保证落水点为池的最深部位。如须安装照明设备，其基本水深应在 30 cm 左右。

(三) 瀑布施工设计

瀑布的施工放线可以参考小溪的施工放线要点，但要注意落水口与承水潭的高程关系（用水准仪校对），管线安装对于埋地管可结合瀑道基础施工同步进行。各连接管（露地部分）在浇混凝土一两天后安装，出水口管段一般待山石堆叠完毕后再连接。

瀑布的施工流程有以下几步：

一是现场放线。

二是基槽开挖。

三是瀑道与承水潭施工。

四是管线安装。

五是瀑布装饰与试水。

三、跌水

跌水的本质是瀑布的变异，它的外形就像一道楼梯，强调一种规律性的阶梯落水方式。其构筑方法和前面的瀑布基本一样，只是使用的材料更加自然美观，如经过装饰的砖块、混凝土、厚石板、条形石板或铺路石板等，目的是要取得规则式设计所严格要求的几何结构。

根据落水的水态，跌水可以分为以下几种形式：

（一）单级式跌水

单级式跌水又称一级跌水，溪流下落时，无阶状落差。单级式跌水由进水口、胸墙、消力池及下游溪流组成。进水口是水源的出口，应通过配饰山石等工程手段使其自然美观。胸墙又称跌水墙，胸墙要坚固、自然。消力池即承水池，其作用是减缓水流冲击力，因此要有一定厚度，一般认为，水流流量达到 $2 \ m^3/s$，墙高大于 $2 \ m$ 时，底厚要求达到 $50 \ cm$。对消力池长度也有一定要求，其长度应为跌水高度的 1.4 倍。连接消力池的溪流应根据环境条件设计。

（二）二级式跌水

具有二阶落差的跌水称为二级式跌水。一般情况下上级落差小于下级落差，消力池底厚度也可适当减小。

（三）多级式跌水

溪流下落时，具有三阶以上落差的跌水称为多级式跌水。多级式跌水一般水流量较小，各级均可设置蓄水池。水池可为规则式，也可为自然式，池内一般点铺卵石，有时也可装配彩灯渲染气氛。

（四）悬臂式跌水

悬臂式跌水将泻水石处理成凸出的悬臂状，水下落时泻至池中间，因此落水更具魅力。

（五）陡坡跌水

陡坡跌水是以陡坡连接高、低渠道的开敞式过水构筑物，园林中多应用于上下水池的过渡。由于坡陡水流较急，须有稳固的基础。

第四节　驳岸与护坡工程

一、驳岸工程

园林中的各种水体需要有稳定、美观的岸线，并使陆地与水面之间保持一定的比例关系，防止因水岸坍塌而影响水体，因而应在水体的边缘修筑驳岸或进行护坡处理。

驳岸是一面临水的挡土墙，是支持陆地和防止岸壁坍塌的水工构筑物。园林驳岸是指在水体边缘与陆地交界处为稳定岸壁、保护水体不被冲刷或水淹等因素破坏而设置的垂直构筑物。驳岸有以下作用：

一是驳岸用来维系陆地与水面的界限，使其保持一定的比例关系。

二是驳岸能保证水体岸坡不受冲刷。

三是驳岸可强化岸线的景观层次。

（一）驳岸类型

1. 驳岸按形式分类

（1）整形式驳岸

整形式驳岸也称规则式驳岸，指用块石、砖、混凝土砌筑的具有一定几何形式的岸壁，如常见的重力式驳岸、半重力式驳岸、扶壁式驳岸等。规则式驳岸多属永久性的，要求较好的砌筑材料和较高的施工技术。其特点是简洁规整，但缺少变化。

对于大型水体和风浪大、水位变化大的水体以及基本上是规则式布局的园林中的水体，常采用整形式直驳岸，用石料、砖或混凝土等砌筑整形岸壁。

（2）自然式驳岸

自然式驳岸是指外观无固定形状或规则的岸坡处理，如常用的假山石驳岸、卵石驳岸。这种驳岸自然堆砌，景观效果好。

对于小型水体和大水体的小局部，以及自然式布局的园林中水位稳定的水体，常采用自然式山石驳岸，或有植被的缓坡驳岸。自然式山石驳岸可做成岩、矶、崖、岫等形状，采取上伸下收、平挑高悬等形式。

（3）混合式驳岸

混合式驳岸是规则式与自然式驳岸相结合的驳岸造型，一般为毛石岸墙，自然山石岸顶。混合式驳岸易于施工，具有一定的装饰性，适用于地形许可且有一定装饰要求的湖岸。

2. 驳岸按材料分类

驳岸按材料可分为以下几种：

（1）砌石类驳岸

砌石类驳岸是指在天然地基上直接砌筑的驳岸，埋设深度不大，但基址坚实稳固，如块石驳岸中的虎皮石驳岸、条石驳岸、假山石驳岸等。

（2）桩基类驳岸

桩基类驳岸由桩基、卡档石、盖桩石、混凝土基础、墙身和压顶等几部分组成。

桩基是我国古老的水工基础做法。当地基表面为松土层且下层为坚实土层或基岩时最宜用桩基。其特点：基岩或坚实上层位于松土层下，桩尖打下去，通过桩尖将上部荷载传给下面的果岩或坚实土层。卡档石是桩间填充的石块，起保持木桩稳定的作用。盖桩石为桩顶浆砌的条石，作用是找平桩顶以便浇灌混凝土基础。

（3）竹篱驳岸、板墙驳岸

此类驳岸一般为临时性驳岸，柏油防腐。

优点：竹篱驳岸造价低廉，取材容易，施工简单，工期短。

缺点：由于竹篱缝很难做得密实，岸上很容易被风浪淘刷，造成岸篱分开，最终失去护岸功能。

（二）破坏驳岸的因素

破坏驳岸的因素有以下几个：

1. 岸坡顶部受压影响

岸坡顶部会因超重荷载和地面水冲刷而遭到破坏。另外，如果岸坡下部被破坏也将导致上部的连锁破坏。湖底地基直接坐落在不透水的坚实地基上是最理想的，否则由于湖底地基荷载强度与岸顶荷载不相适应而造成均匀或不均匀沉陷，使驳岸出现纵向裂缝甚至局部塌陷。在冰冻地带湖水不深的情况下，由于冻胀引起地基变形，如以木桩作为桩基则易腐烂，包括因动物的破坏而造成的朽烂。在地下水位高的地带，地下水的浮托力影响基础的稳定。

2. 风浪的冲刷与风化

常水位线以上至最高水位线之间的驳岸，经常受周期性淹没。随着水位的上下变化，便形成对岸坡的冲刷。水位变化频繁，则岸坡受冲蚀破坏更严重。在最高水位以上不被水淹没的部分，则主要受波浪的拍击、日晒和风化力的影响。

3. 湖水浸渗、冬季冻胀力的影响

从常水位线至湖底被常年淹没的驳岸层段。其破坏因素是湖水浸渗。我国北方天气较寒冷，水渗入岸坡中，冻胀后便使岸坡断裂。湖面的冰冻也在冻胀力作用下，对常水位以下的岸坡产生推挤力，把岸坡向上、向外推挤；而岸壁后土壤内产生的冻胀力又将岸壁向下、向里挤压；这样，便造成岸坡的倾斜或移位。因此，在岸坡的结构设计中，主要应减少冻胀力对岸坡的破坏作用。

4. 地基不稳下沉

由于湖底地基荷载强度与岸顶荷载不相适应而造成均匀或不均匀沉陷，使驳岸出现纵向裂缝，甚至局部塌陷。

在做驳岸结构设计时，我们要根据各层段的特点和主要破坏因素，考虑选用的材料和结构。

（三）驳岸的结构

驳岸常由基础、墙身和压顶三部分组成。

1. 基础

驳岸最好直接建在坚实的土层或岩基上，如果地基疲软，须做基础处理。驳岸多以打桩或柴排沉褥作为加强基础的措施。选坚实的大块石料为砌块，也可采用断面加宽的灰土层做基础，将驳岸筑于其上。我国南方园林构筑驳岸，多用加宽基础的方法以减少或免除地基处理工程。驳岸常用条石、块石混凝土、混凝土或钢筋混凝土做基础。

2. 墙身

驳岸常用浆砌条石、浆砌块石勾缝、砖砌抹防水砂浆、钢筋混凝土以及堆砌山石做墙体。

3. 压顶

驳岸常用条石、山石、混凝土块料以及植被做压顶。在盛产竹、木材的地方也有用竹、木、圆条和竹片、木板经防腐处理后做竹木桩驳岸。

4. 伸缩缝、驳岸背部处理

驳岸每隔一定长度要有伸缩缝。其构造和填缝材料的选用应力求经济耐用，施工方便。寒冷地区的驳岸背水面须进行防冻胀处理，方法有：填充级配砂石、焦渣等多孔隙易滤水的材料；砌筑结构尺寸大的砌体，夯填灰土等坚实、耐压、不透水的材料。

二、护坡工程

护坡在园林工程中得到广泛应用，原因在于水体的自然缓坡能产生自然、亲水的效果。护坡的设计选择应依据坡岸、透视效果、水岸地质状况和水流冲刷程度而定。目前常见的方法有铺石护坡、灌木护坡、草皮护坡和编柳抛石护坡等。

（一）铺石护坡

铺石护坡施工方法如下：先把坡岸平整好，并在最下部挖一条梯形沟槽，槽沟宽40~50 cm，深50~60 cm。铺石以前先将垫层铺好，垫层的卵石或碎石要求大小一致、厚度均匀，铺石时由下至上铺设。下部要选用大块的石料，以增加护坡的稳定性。铺时石块摆成丁字形，与岸坡平行，一行一行往上铺，石块与石块之间要紧密相贴。

（二）编柳抛石护坡

采用新截取的柳条呈十字交叉编织。编柳空格内抛填厚 20~40 cm 的块石。块石下设10~20 cm 厚的砾石层以利于排水和减少土壤流失。柳格平面尺寸为 0.3 m×0.3 m 或 1 m×1 m，厚度为 30~50 cm。柳条发芽后便成为保护性能较强的护坡设施。

编柳时在岸坡上用铁钎开间距为 30~40 cm、深度为 50~80 cm 的孔洞。在孔洞中按顺根的方向打入顶面直径为 5~8 cm 的柳板子，板顶高出块石顶面 5~15 cm。

第五节　水池与喷泉工程

喷泉水池是现代园林中常用的水景形式，常用于广场中心、道路尽端以及亭、廊、花架等处，形成富于变化的组合。

一、水池工程

这里指的水池区别于前面所讲的河流、湖和池塘。河湖、池塘多取天然水源，一般不设上下水管道，面积大而只做四周驳岸处理。湖底一般不加处理或进行简单处理。水池面积相对较小，多取人工水源，因此必须设置进水、溢水和泄水的管线。有的水池还要用作循环水设施。水池除池壁外，池底亦必须进行人工铺砌，实现壁底一体。

水池在城市园林中用途很广。它可以改善小气候条件，降温和增加空气湿度，又起美化市容、重点装饰环境的作用，如布置在广场中心、门前或门侧、园路尽端以及与亭、廊、花架等组合在一起。水池中还可种植水生植物，饲养观赏鱼，设喷泉、灯光等。

（一）水池的设计

一般而言，池的面积较小，岸线变化丰富且具有装饰性。水较浅，不能开展水上活动，以观赏为主，常配以雕塑、喷水、花坛等。

1. 水池的分类

水池可分为规则式水池、自然式水池和混合式水池三种。

（1）规则式水池。规则式水池由一定的几何形态构成，规则方整，气氛庄重肃穆，构图严谨，易与建筑环境协调。

（2）自然式水池。在水域或地下水位较高的水体处设置自然式水池，则"因势而借"，挖低筑高，结合驳岸假山，体现出重峦叠嶂或回沙曲岸的意境。

（3）混合式水池。混合式水池是前两者的结合，庄重中凸显活泼的风格。

2. 水池的平面设计

（1）水池的平面设计主要是确定其平面位置和尺度。

（2）水池平面设计要与所在环境的气氛、建筑和道路的线形特征和视线关系相协调统一。平面轮廓要"随曲合方"，体量与环境相称，轮廓与广场走向、建筑外轮廓取得呼应与联系。

（3）造型简洁大方而又具有个性。

3. 水池的立面设计

水池的立面设计反映水池的主要朝向、各立面的高度变化和立面景观。水池池壁顶与周围地面要有适宜的高程关系，既可高于路面，也可以与路面持平或低于路面做成沉床水池。池边高度应允许游人接触，所以池壁不要太高，要考虑游人坐池边观赏水池的需要。池壁顶可做成平顶、坡顶、圆弧顶、倾斜顶等多种形式。水池与地面相接部分可做成凹入的。

4. 剖面设计

剖面设计应具有代表性，能够反映各层材料和典型的结构。

5. 管线设计

水池的基本管线包括给水管、补水管、溢水管、泄水管等。给水管、补水管有时可以使用同一根管子。如果采用循环供水，还应设回水管，但若设置潜水泵则可不设回水管。在实际设计中，水池往往结合喷泉设计。

6. 水池结构

水池的结构主要包括基础、池底、池壁以及给水管、泄水管、溢水管等相关的管线等。在进行水池结构设计时，当有管道穿越池底和外壁时，防水处理尤为重要，也是技术难点，工程上一般设置防水套管，在可能产生振动的地方则应设柔性防水套管。

（二）水池的给排水系统和后期管理

1. 给水系统

（1）直流给水系统

该系统将喷头直接与给水管网连接，喷头喷射一次后即将水排至下水道。这种系统构造简单，维护容易且造价低，但耗水量较大。直流给水系统常与假山、盆景配合，做小型喷泉、瀑布、孔流等，适合在小型庭院、大厅内设置。

（2）陆上水泵循环给水系统

该系统设有贮水池、循环水泵房和循环管道，喷头喷射后的水可多次循环使用，具有耗水量少、运行费用低的优点。但系统较复杂，占地较多，管材用量较大，投资费用高，维护管理麻烦。此种系统适合各种规模和形式的水景，一般用于较开阔的场所。

（3）潜水泵循环给水系统

该系统设有贮水池，将成组喷头和潜水泵直接放在水池内做循环使用。这种系统具有占地少、投资低、维护管理简单、耗水量少等优点，但是水姿花形控制调节较困难。此系统适用于各种形式的中型或小型喷泉、水塔、涌泉、水膜等。

（4）盘式水景循环给水系统

该系统设有集水盘、集水井和水泵房。盘内铺砌踏石构成甬路。喷头设在石隙间，适当隐蔽。人们可在喷泉间穿行，满足人们的亲水要求，增添欢乐气氛。该系统不设贮水池，给水均循环利用，耗水量少，运行费用低，但存在循环水易被污染、维护管理较麻烦的缺点。

2. 排水系统

为维持水池水位和进行表面排污，保持水面清洁，水池应有溢流口。常用的溢流口形式有堰口式、漏斗式、管口式和联通管式等。

二、喷泉工程

园林中的喷泉一般是为了造景的需要人工建造的、具有装饰性的喷水装置。喷泉可以湿润周围空气，减少尘埃，降低气温。喷泉的细小水珠同空气分子撞击，能产生大量的负氧离子。因此，喷泉有益于改善城市面貌和增进居民身心健康。

（一）喷泉的设计原则

喷泉的设计原则有以下几点：

一是喷泉的主题、形式要与环境相协调。

二是喷泉多设于建筑、广场的轴线焦点或端点处。

三是可以根据环境特点做一些喷泉小景，自由装饰室内外的空间。

四是喷泉宜安置在避风的环境中以保持水形。

五是根据喷泉所在地的空间尺度来确定喷水的形式、规模及喷水池的大小比例。

（二）喷泉设计的基本要求

喷泉设计的基本要求如下：

一是开阔的场地如广场、车站前、公园入口、街道中心岛处，喷泉水池多选用整形式，水池要大，喷水要高，照明不要太华丽。

二是狭长的场地如街道转角、建筑物前，喷泉水池多选用长方形和它的变形体。

三是现代建筑如旅馆、饭店、展览会会场等处，喷泉水池多为圆形、长方形，喷水水量要大，水感要强烈，照明可以比较华丽。

四是中国传统式园林中的喷泉水池形状多为自然式喷水，可做成跌水、滚水、涌泉等，以表现天然水态为主。在热闹的场所，喷水水姿要富于变化，色彩华丽。

五是喷泉水池平面形式宜简洁，个性突出，主题明确，与环境协调。

六是水姿形态应多样丰富，优美宜人。

（三）管网布置

喷泉管网主要由输水管、配水管、补给水管、溢水管和泄水管等组成。

一是在小型喷泉中，管道可直接埋在土中；在大型喷泉中，如管道多而且复杂时主要管道敷设在能通行人的渠道中，在喷泉的底座下设检查井。只有那些非主要的管道布置管可直接敷设在结构物中，或置于水池内。

二是为了使喷泉获得等高的射流，喷泉配水管网多采用环形十字供水。

三是由于水的蒸发及在喷射过程中一部分水被风吹走等造成喷水池内水量损失，因此在水池中应设补水管。补水管和城市给水管连接，并在管上设浮球阀或液位继电器，随时补充池内水量的损失，以保持水位稳定。

四是为了防止因降雨使池水上涨造成溢流，在池内应设溢水管，直通城市雨水井。有不小于3%的坡度，在溢水口外应设拦污栅。

五是为了便于清洗和放空池水，水池底部应设泄水管，直通城市雨水井，亦可结合绿地喷灌或地面洒水，另行设计。

六是在寒冷地区，为防止冬季冻害，所有管道均应有一定的坡度，一般不小于2%，以使管内的水在冬季能全部排出。

七是连接喷头的水管管径不能有急剧的变化。如有变化，必须使水管管径逐渐由大变小，且在喷头前必须有一段适当长度的直管，长度一般不小于喷头直径的20~50倍，以保持射流稳定。

八是每个或每一组具有相同高度的射流，应有调节设备，通常用阀门或整流器来调节流量和水头。

（四）控制系统

1. 手阀控制

这是最常见和最简单的喷泉控制方式，在喷泉的供水管上安装手控调节阀，用来调节各段中水的压力和流量，形成固定的喷水姿。

2. 继电器控制

通常利用时间继电器按照设计的时间程序控制水泵、电磁阀、彩色灯等的启闭，从而实现可以自动变换的喷水姿。

3. 音响控制

声控喷泉是用声音来控制喷泉水形变化的一种自控泉。它一般由以下几部分组成：①声电转换、放大装置，通常由电子线路或数字电路、计算机等组成；②执行机构，常使用电磁阀；③动力，即水泵；④其他设备，主要由管路、过滤器、喷头等组成。

声控喷泉的原理是将声音信号转变为电信号，经放大及其他一些处理，推动继电器电子式开关，再去控制设在水路上的电磁阀的启闭，从而达到控制喷头水流动的通与断。随着声音的变化，人们可以看到喷水大小、高矮和形态的变化。这种音乐喷泉控制的方式很多。

（五）喷泉的灯光布置

喷泉照明与一般照明不同。一般照明是要在夜间创造一个明亮的环境，而喷泉照明是要突出水花的各种风姿。因为被照明的物体是一种无色透明的水，这就要利用灯具的各种不同的光分布和构图，形成特有的艺术效果，营造开朗、明快的气氛，供人们观赏。

喷泉照明要求比周围环境有更高的亮度，如周围亮度较大时，喷水的先端至少要有 100~200 lx 的光照度；如周围较暗时，需要有 50~100 lx 的光照度。照明用的光源以白炽灯为主，其次可用汞灯或金属卤化物灯，光的色彩以黄、蓝色为佳，特别是水下照明。

为了既能保证喷泉照明取得华丽的艺术效果，又能防止让观众感到炫目，布光是非常重要的。照明灯具的位置一般是在水面下 5~10 cm 处。在喷嘴的附近，以喷水前端高度的 1/5~1/4 以上的水柱为照射的目标，或以喷水下落到水面稍上的部位为照射目标，如果喷泉周围的建筑物、树丛等的背景是暗色的，则喷泉水的飞花下落的轮廓就会被照射得清清楚楚。

（六）喷泉用水的给排水方式

喷泉用水的给排水方式如下：

一是无泵无循环水。对于流量在 2~3 L/s 的小型喷泉，可直接由城市自来水供水，使用过后的水排入城市雨水管网。

二是有泵无循环水。为保证喷水具有稳定的高度和射程，给水须经过特设的水泵房加压，喷出后的水仍排入城市雨水管网。

三是有泵有循环水。对于大型喷泉，一般采用循环供水。可以设泵房对回流的水加压，也可以在喷水池中较隐蔽或较低处设置潜水泵，直接抽取池水向喷水管及喷头循环供水，潜水泵供水在水量上有一定限度，不适合水量要求大的喷泉。

四是利用高位的天然水源供水，用毕排除。

三、喷泉施工

喷泉施工的程序一般是先按设计将喷泉水池和地下水泵房修建起来，在修建的过程中进行必要的给排水主管道安装。待水池、泵房建好后，再安装各种喷水支管、喷头、水泵、控制器、阀门等，最后才接通水路，进行喷水试验和喷头、水形的调整。如果采用潜水泵供水，则可不建泵房。

（一）水池施工

目前，园林景观的人工水池按修建的材料和结构可分为刚性结构水池、柔性结构水池和临时简易水池三种。

1. 刚性结构水池设计施工

刚性结构水池主要是采用钢筋混凝土或砖石修建的水池。其施工程序为：材料准备→池面开挖→池底施工→浇筑混凝土池壁→混凝土抹灰→试水。

（1）混凝土配料。配料比例：基础与池底，水泥1份，细沙2份，粒料4份，所配的混凝土型号为C20；池底与池壁，水泥1份，细沙2份，0.6~2.5cm粒料3份，所配的混凝土型号为C15；防水层，防水剂3份，或其他防水卷材；添加剂，U形混凝土膨胀剂、加气剂、氯化钙促凝剂等。

（2）池面开挖。根据设计图纸定点放线。放线时，水池的外轮廓应包括池壁厚度。为使施工方便，池外沿各边加宽50cm。根据现场施工条件确定挖方方法，可用人工挖方，也可人工结合机械挖方。

（3）池底施工。池底现浇混凝土要在一天内完成，必须一次浇筑完毕。为使池底与池壁紧密连接，池底与池壁连接处的施工缝可设置在基础上口20cm处。施工缝可留成台阶形，也可加金属止水片或遇水膨胀胶带。

（4）浇筑混凝土池壁。浇注混凝土池壁须用木模板定形，浇筑时，要趁池底混凝土未干时，用硬刷将边缘拉毛。池底边缘处的钢筋要向上弯起与池壁结合，弯入的长度应大于30cm，这种钢筋能最大限度地增强池底与池壁结合部分的强度。

（5）混凝土抹灰及水池装饰。通常先抹一层底层砂浆，厚度5~10mm；再抹第二层找平，厚度5~12mm；最后抹第三层压光，厚度2~3mm；池壁与池底结合处可适当加厚抹灰量，防止渗漏。

（6）试水。管道安装完毕，应对管道系统进行水压试验，试验长度一般不宜超过1000m。

2. 柔性结构水池施工

柔性衬垫薄膜材料出现以后，水池设计和施工进入了一个新的阶段。实际上水池若是一味靠加厚混凝土和加粗加密钢筋网片来提高质量只会增加工程造价。对于北方地区水池的渗透冻害，选用柔性的不渗水材料做防水层效果更好。这种柔性结构的特点是寿命长，施工方便且自重轻，不漏水，特别适用于小型水池和屋顶花园水池。常用的柔性材料有玻璃纤维布、三元乙丙橡胶（EPDM）薄膜、聚氯乙烯（PVC）衬垫薄膜、膨润土防水毯等。

3. 临时简易水池施工

临时简易水池结构简单，安装方便，使用完毕后能随时拆除，甚至还能反复利用，一般适用于节日、庆典、小型展览等水池的施工。

对于铺设在硬质地面上的水池，可以采用红砖或者泡沫塑料砌筑池壁，再用吹塑纸、塑料布等分层将池底和池壁铺垫，将塑料布反卷包住池壁外侧，并用重物固定。池壁和池底可以用木桩、卵石等物修饰。

对于铺设于绿地上的水池，可以用挖基坑的方法营造。具体的做法是：先按设计要求挖好基坑并夯实，池底、池壁铺上塑料布，池缘应留出至少 15 cm 长的塑料布，并用天然石块压紧，再铺上草坪或者苔藓即可。

（二）给水管道安装设计施工

1. 准备材料

给水管及管件的规格、品种应符合设计要求，管材应有制造厂的名称和商标、制造日期及工作压力等标记。给水管及管件的内外表面应整洁，不得有裂纹、砂眼、飞刺和疙瘩等缺陷。承口的根部不得有凹陷，其他部分的局部凹陷不得大于 5 mm，承插部分不得有黏砂及凸起，其他部分不得有大于 2 mm 厚度的黏砂及 5 mm 高的凸起，机械加工部位的轻微孔穴不得大于 1/3 厚度，且不大于 5 mm，间断沟陷、局部重皮及疤痕的深度不大于 5%壁厚加 2 mm，环状重皮及划伤的深度不大于 5%壁厚加 1 mm。给水管内外表面涂层完整光洁，附着牢固。其他管材质量也应符合有关要求。

水泥捻口采用不小于 425 号的硅酸盐水泥和膨胀水泥，水泥必须有出厂合格证。其他材料有石棉绒、油麻绳、青铅、白厚漆、胶圈、橡胶板、螺栓、螺母、防锈漆、沥青等。

阀门应无裂纹、开关灵活严密，铸造规矩，手轮无损坏，并有出厂合格证。地下闸阀、水表等的品种、规格符合设计要求，并有出厂合格证。

2. 施工机具

施工机具主要有套丝机、切割机、试压泵、电焊机、钢锯、大锤、大绳、铁锹、水平尺等。

3. 作业条件

作业条件应满足以下要求：

（1）有安装项目的设计图纸，并且已经过图纸会审和设计交底。

（2）管材、管件及阀门等均已检验合格，并具备了出厂合格证、检验合格证等有关的技术资料，内部已清理干净，不存杂物。

（3）暂设工程、水源、电源等已具备。

（4）埋地管道、管沟平直，管沟深度、宽度符合要求，阀门井、水表井垫层及消火栓底座施工完毕。管沟沟底夯实，沟内无障碍物，且有防塌方措施。管沟两侧不得堆放施工材料和其他物品。开挖的沟槽经过检查合格，并填写了"管沟开挖及回填质量验收单"。

4. 工艺流程

工艺流程：安装准备→清扫管道→管材、管件、阀门、消火栓等就位→管道连接→灰口养护→水压试验→管道冲洗。

（1）清扫管道。将管道内的杂物清理干净，并检查管道有无裂缝和砂眼。管道承口内部及插口外部飞刺、铸砂等预先铲掉。

（2）管材、管件、阀门、消火栓等就位。

①散管和下管。散管是指将检查好并疏通好的管子散开摆好，其承口迎着水流方向，插口顺着水流方向。下管是将管子从地面放入沟槽内。人工下管时，将绳索的一端拴固在地锚上，拉住绕过管子的另一端，并在沟边斜放滑木至沟底，用撬杠将管子移至沟边，再慢慢放绳，使管子沿滑木滚下。机械下管时，为避免损伤管子，一般将绳索绕管起吊。

②管道对口和调直稳固。下至沟底的铸铁管在对口时，可将管子插口稍稍抬起，然后在另一端用力将管子插口推入承口，再将管子校正，管子两侧用土固定。稳管时每根管子须仔细对准中心线，接口的转角应符合施工规范要求。

（3）管道连接及灰口养护。安装前应对管材进行检查，不合格者不能使用。插口装入承口前，应将承口内部和插口外部清理干净。

（三）水泵安装

1. 水泵机组安装

水泵系统的安装顺序是先安装水泵，待其位置与水泵进出水管的位置找正后，再安装电动机。起吊时要注意钢丝绳不能系在泵体上，也不能系在轴承上，更不能系在轴上，只能系在吊装环上。水泵在安装过程中，同时填写"水泵安装记录"。

2. 水泵配管

首先将止回阀、阀门依次与水泵紧牢，与水泵相接配管的一片法兰先与阀门法兰紧牢，用线坠找正找直，测量出配管尺寸，配管先点焊在这片法兰上，再把法兰松开取下焊接，冷却后再与阀门连接好，最后再焊与配管相接的另一管段。

配管法兰应与水泵、阀门的法兰相符，阀门安装手轮方向便于操作，标高一致，配管排列整齐。

3. 试运转

（1）试运转前的检查

①驱动装置已经过单独试运转，其转向与泵的转向一致。

②检查各紧固件连接部位的紧固情况，不得松动。

③润滑状况良好，润滑油或油脂已按规定加入。

④附属设备及管路应冲洗干净，管路应保持畅通。

⑤安全保护装置齐备、可靠。

⑥盘车灵活，声音正常。

（2）无负荷试运转

①全关闭入口阀门，全关闭出口阀门。

②开启泵的传运装置，运转 1~3 min 停车。

③运转中无不正常的声响。

④各紧固部分无松动现象。

⑤轴承无明显升温。

（3）负荷试运转

负荷试运转应由建设单位派人操作，安装单位参加。在无负荷试运转合格后进行。负荷试运转的合格标准如下：

①设备运转正常，系统中流体的压力、流量、温度等符合设备文件的规定。

②泵运转无杂音。

③泵体无渗漏。

④各紧固部件无松动。

⑤滚动轴承温度不高于 75℃，滑动轴承温度不高于 70 ℃。

⑥轴封填料温度正常，软填料宜有少量渗漏。

⑦电动机的电流不超过额定值。

⑧安全保护装置灵敏可靠。

⑨设备运转振幅符合设备技术文件规定或规范规定。

（4）试运转后做好下列工作：

①关闭出、入口阀门和附属系统阀门。

②放尽泵内积水。

③采取保护措施，将试车过程中的记录整理好填入"水泵试运转记录表"。

第六章 假山工程设计与施工

第一节 假山与置石设计

假山，意即景园中以造景为目的，用土、石等材料构筑的山。"假山"一词出现于中唐时期。假山是相对于真山而言的，也就是假中见真。假山工程也叫筑山工程。筑山是利用不同的软、硬质材料，结合艺术空间造型所堆成的土山或石山，它是自然界中山水再现于景园之中的典型，是一种空间造型艺术工程。在我国古代造园艺术史中早有"无园不山、无园不石"的主导思想。

一、假山的概念、作用和类型

（一）假山和置石的概念

人们通常说的园林山石实际上包括假山和置石两个部分。假山是以造景游览为主要目的，以土、石等为材料，以自然山水为蓝本并加以艺术的提炼和夸张，用人工再造的山水景物的通称。置石是以山石为材料做独立性或附属性的造景布置，主要表现山石的个体美或局部的组合，而不是具备完整的山形。近代出现了灰塑假山的工艺，后来又逐渐发展成为用水泥塑的置石和假山，成为假山工程的一种专门工艺。

（二）假山的功能与作用

1. 作为自然山水园的主景和地形骨架

明代南京徐达王府的西园（今南京的瞻园）、明代所建今上海的豫园、清代扬州的个园和苏州的环秀山庄等，总体布局都是以山为主、以水为辅，而建筑并不一定占主要的地位。

2. 作为园林划分空间和组织空间的手段

用假山组织空间可以结合障景、对景、背景、框景、夹景等手法灵活运用，如清代所建北京圆明园、颐和园的某些局部，苏州网师园、拙政园的局部，承德避暑山庄等。

3. 作为点缀园林空间和陪衬建筑、植物的手段

苏州留园东部庭院的空间基本上是用山石和植物装点的，或以山石作为花台，或以石峰凌空，或借粉墙前散置，或以竹、石结合作为廊间转折的小空间和窗外的对景。

4. 作为驳岸、挡土墙、护坡和花台等

除了用作造景以外，山石还有一些实用方面的功能，如北海琼华岛南山的群置山石、颐和园龙王庙土山上的散点山石等都有减少冲刷的效用。

5. 作为室内外自然式的家具或器设

山石可布置成石屏风、石榻、石桌、石几、石凳、石栏、室内外楼梯（称为云梯）、园桥、汀石和镶嵌门、窗、墙等，既不怕日晒夜露，又可结合造景。现置于无锡惠山山麓唐代的"听松石床"，是实用结合造景的好例子。

（三）假山的类型

1. 按材料分

（1）土山：以土为山体，山石点缀其中，山体的高度与占地基本成正比，多用于筑"大山"，如苏州沧浪亭便是土山的成功之作。

（2）石山：以石为筑山主要材料，石山带土，山体的高度与占地基本成反比，多用于筑"小山"，如壁山、园山、厅山、楼山、池山等。

（3）石混合山：以土与石共同作为山体的材料，分为土包石、石包土，兼具土山之"韵"和石山之"险"。

2. 按功能用途分

（1）缩景山：以观赏为主要功能的假山，规模较小。

（2）游览山：人能进入的假山，分为眺望山和近游山。

（3）亭阁山：以亭阁为主，在其周边堆叠的假山。

（4）障景山：起屏障作用的山。

（5）背景山：作为某一景园建筑或植被背景的假山。

（6）峭壁山：陡峭而用于狭窄过道的假山。

（7）石壁山：分隔空间，起围合作用的假山。

（8）喷水山：与大水池结合，配有喷泉的假山。

（9）岩石园：为展览岩石与岩生植物而专门堆叠的假山。

（10）矿石山：为展览矿石而用多种矿石堆叠的假山。

3．按观赏特征分

（1）仿真型：模仿真实的自然山形，塑造出峰、岩、岭、谷、洞、壑等各种形象，达到以假乱真的目的。例如，苏州环秀山庄假山就是模拟真山真水的模样构筑而成的。

（2）写意型：以夸张处理的手法对山体的动式、山形的变异和山景的寓意等所塑造出的山形，如苏州留园的"冠云峰"。

（3）透漏型：由许多透眼嵌空的奇形怪石堆砌成可游可攀的假山，山体中洞穴孔眼密布，透漏特征明显，如苏州狮子林就是这种类型的典型代表。

（4）实用型：结合实际需要做成似山非山的一种叠石工程，如山石门、山石屏风、山石楼梯等。

4．按环境取景造山分

（1）以楼面做山：以楼房建筑为主，用假山叠石作为陪衬，强化周围的环境气氛。这种类型的假山在园林建筑中被普遍采用，如南京白鹭洲公园鹭舫前的假山、承德避暑山庄中的"云山胜地"楼就是这种类型的典型代表。

（2）依坡岩叠山：这种类型多于山亭建筑相结合，利用土坡山丘的边岩掇石成山。例如，苏州留园的"可亭"就是围着土丘的四周掇石叠山，在周围大树、山石的陪衬下，既显得山之幽深，又增添亭之气氛。

（3）水中叠岛成山：在水中用山石堆叠成岛山，再于山上配以建筑。例如，承德山庄的金山岛就完全是用山石堆叠而成的大假山。

（4）点缀型小假山：在庭院中、水池边、房屋旁，用几块山石堆叠成小假山，作为环境布局的点缀。这种小假山高不过屋檐，规模不大，小巧玲珑。

二、假山材料

假山所用的材料主要有山石材料和胶结材料两类。

（一）山石材料

1．湖石

湖石多数为石灰岩、砂岩类，颜色以青、黑、白、灰为主。湖石在水中和土中皆有所产，尤其是水中所产者，经浪雕水刻，形成玲珑剔透、瘦骨突兀、纤巧秀润的风姿，常被用作特置石峰以体现其"秀、奇、险、怪"之势，特点是瘦、皱、漏、透、丑。湖石以产于苏州太湖之洞庭山的最优，故称其为"太湖石"，宜兴石、龙潭石、灵璧石、巢湖石、房山石等都属于此类。

2. 黄石与青石

黄石与青石多数为细砂岩、石英岩或砂砾岩等。黄石呈茶黄色，以其黄色而得名；青石呈青灰色，石内具有水平层理，使石形成片状，故有"青云片"之称呼。黄石与青石材质均较硬，石面轮廓分明，形态顽劣，见棱见角，节理面近乎垂直。

3. 英石

英石为石灰岩，呈青灰色、黑灰色等，常夹有白色方解石条纹，原产于广东省英德市一带，因此而得名。

4. 石笋石

石笋石为竹叶状灰岩，淡灰绿色或土红色，是水成岩沉积在地下沟中而成的各种单块石，因其石形修长呈条柱状、立地似笋而得名。石笋石产于浙江与江西交界的常山、玉山一带，石质类似青石者称为"慧剑"；含有白色小砾石或小卵石者称为"白果笋"或"子母剑"；色黑如炭者称为"乌炭笋"。

5. 卵石

卵石多数为花岗石或砂砾岩。

6. 宣石

宣石产于安徽省宁国市，其色有如积雪覆于灰色土上，也由于为赤土积渍，因此又带些赤黄色，非刷净不见其质，所以愈旧愈白。由于它有积雪一样的外貌，扬州个园用它作为冬山的材料，效果显著。

7. 其他石类

其他石类还有斧劈石、千层石、钟乳石、木化石、黄蜡石、菊花石等。

（二）胶结材料

胶结材料是指将山石黏结起来掇石成山的一些常用黏结性材料，如水泥、石灰、砂和颜料等，市场供应比较普遍。黏结时拌和成砂浆，受潮部分使用水泥砂浆，水泥与砂的配比为1∶1.5～1∶2.5；不受潮部分使用混合砂浆，水泥∶石灰∶砂＝1∶3∶6。水泥砂浆干燥比较快，不怕水；混合砂浆干燥较慢，怕水，但强度较水泥砂浆高，价格也较低廉。

三、假山选石

不是什么样的石块都可以用来堆叠假山的，在选石上要做到"知石之形"和"识石之态"。"知石之形"就是了解和掌握山石材料外在的形象及其所表现出的物理属性，如山石材料的品种、质地、纹理、色泽等自然属性的具体形状和变化规律；"识石之态"即通过山石外在的具体形态和色泽所表现出的内在美学效应，如灵秀、雄劲、古拙、飘逸等。

知其石性是叠石造山选石的基本功，如湖石有"瘦、皱、漏、透、奇、丑"之美称。"瘦"是指山石竖立起来能孤持、无倚，呈独立状；"皱"是指山石表面纹理高低不平，脉络显著；"透"是指山石多洞眼，有的洞眼还相通；"漏"是指石上的洞眼能贯通上下；"奇"是指山石上大下小之外形；"丑"是指山石的外形变化大，奇形怪状，"丑"得可爱。湖石山以奇而求平，在叠石造山中应尽量保持其自然属性，才能表现出山的气势和精神。

黄石则古朴粗犷，外形多平整、少变化，形态多厚实、拙重，有雕塑感，易于表现壮美与雄浑之势，叠山时应以平中求变，按山石自然剥裂的纹理堆叠，返璞归真，似是截取大山之麓，有山势不尽的意趣。

假山用石，石形要有变化，但石的种类不能乱用，选石时注意其特征、色泽、脉络、纹理等。要注意哪些石可叠在一起，哪些石忌用，不可随意搭配，否则会不伦不类，违反自然规律。

四、假山设计

山水是园林中的主体，俗话说，"无石不园"，其关键是要有自然之理，才能得自然之趣。

堆叠假山是运用概括、提炼的手法，营造园林中苍郁的山林气氛，所造之山的尺寸虽远远小于真山，但力求体现自然山峦的形态和神韵，追求艺术上的真实，从而使园中具有源于自然而又高于自然的意趣。

设计假山时要结合具体环境规划布局，确定基本山形（池山、峭壁山、平山、高山等）、体量、走势、纹理。构图上要"疏而不散""展而不露""虚实穿插""相互掩映""大起大落"，切忌铁壁铜墙、寸草不生、呆板无神韵。山体应留有洞壑及种植穴，叠石纹理应有粗细、凹凸、明暗、光影与色的对比，纹理走向要有韵律。布石应有疏密，石块大小须搭配相宜，石以大块为主、小块为辅，块大则缝少，块小则缝多，忌用相同体积石头堆砌假山，同时必须有大小、高低、横竖交错之分。

（一）整体构思

筑山的重要原则是"师法自然"，所叠之山毕竟是人工为之的假山，要把假山叠得好，就必须处理好真假的关系，做到假而似真，"真作假时假亦真"，即《园冶》中所谓的"有真有假，做假成真"。"做假成真"的手法可归纳为以下几点：

一是山水结合，相映成趣；

二是相地合宜，造山得体；

三是巧于因借，混假于真；

四是独立端严，次相辅弼；

五是三远变化，移步换景；

六是远观山势，近看石质；

七是寓情于石，情景交融。

(二) 空间构思

低起伏，平面上要曲折多变，前后要有层次。假山空间构图常用下列三种方法：

一是中央置景：将主景山按中轴线布置。

二是侧旁布置：主山布置在中央，客山在侧旁。

三是周边布置：在封闭或半封闭小空间的庭院中做周边布置，营造山脉连绵不断的意境。

(三) 假山的平面设计

山石平面基本构图法：三点构图；四点构图；五点构图。

(四) 立面设计

立面构图采用均衡补偿法则，运用三角形重心分析法，形成稳定中的变化，以获得动势美感。立面构图要点如下：

体：空间体形的规律性与变化性。立面构图中的局部要协调在整体之中。

面：围成体形空间的各个面。对面的处理要强调岩层节理的变化。

线：假山的外形轮廓线。

纹：假山的局部块体的纹线节理。

影：光照后阴影明暗面与空间凹凸关系的概括。

色：假山石材的色彩。

(五) 假山山顶的造型设计

假山山顶的造型一般有三种：平顶式、峦顶式、峰顶式。

1. 平顶式

山顶平坦如盖，可游可憩。这种假山整体上大下小，横向挑出，如青云横空，高低参差。可根据需要做成平台式、亭台式和草坪式。

①平台式：将山顶用片状山石平铺做成，边缘做栏杆，可在其上设立石桌、石凳，供游人休息观景。

②亭台式：在平顶上设置亭子，与下面山洞相配合。

③草坪式：在山顶种植草坪，可改善山顶气候。

2. 峦顶式

将山顶做成峰顶连绵、重峦叠嶂的一种造型。这种形式的山头比较圆缓、柔美。

3. 峰顶式

将假山山峰塑造成各种形式的山峰。峰顶式包括：剑立式，上小下大，有竖直、挺拔、高耸之感；斧立式，上大下小，如斧头倒立，稳重中存在险意；斜壁式，上小下大，斜插如削，势如山岩倾斜，有明显的动势。

五、置石设计

在园林工程中，除常使用的叠石假山之外，还常使用一些山石零散布置成独立的或附属的各种造景，称之为"置石"或"石景"，如水池中的汀步、墙边点石、石台、石桌、梯级、蹬道、台阶、基座等。现存江南名石有苏州的瑞云峰、留园的冠云峰、上海豫园的玉玲珑和杭州花圃的皱云峰，而最老的置石则为无锡惠山的"听松"石床。置石可分为峰石与点石。

（一）确定置石的用途

一是用作山石花台、树台，可以增加庭园的空间变化。

二是用作园林建筑的一部分，如蹲、涩浪、配、抱角、镶隅等。

三是用于墙边檐下点石成景，配以花竹，可以丰富景园，如林下之拙石、梅边之古石、竹旁之瘦石等。

四是用作山石器设，如石屏风、石桌、石几、石凳等。

五是其他用途，如动物石像等。

（二）置石的形态设计

一是子母石：以一块大石附带几块小石块为一组所形成的一种石景。子母石可布置在草坪上、山坡上、水池中、树林边等。

二是散兵石：以几块自然山石为一组进行分散布置而成的一种石景。散兵石常布置在草丛中、山坡下、水池边、树根旁等。

三是单峰石：由具有"瘦、皱、漏、透"等特点的怪石所做成的一块较大的独立石景。单峰石可作为主景，且应固定在基座上。

四是象形石：选用具有某种天然动物、植物、器物等形象的山石所塑造的石景。

五是石供石：专门选取出来的，具有供陈列、观赏和使用价值的各种奇特形状或色彩晶莹美丽的"玩石"所塑造的石景。

（三）确定置石的布置方式

一是特置：又称孤置、立峰，是将形状奇特、具有一定观赏价值的单块山石放置在可供观赏或起陪衬作用之处的一种布置方式。特置常用作园林入口的障景和对景，也可置于廊间、亭下、水边，作为空间的聚焦中心。

二是对置：在建筑物前两旁对称立置的两块山石，以点缀环境、丰富景色。

三是散置：将大小不等的山石零星布置成有散有聚、有立有卧、主次分明、顾盼呼应的景象，使之成为一组有机整体的一种布置方式。散置又称散点，按体量不同，又可分为大散点和小散点。

（四）安放置石

布置一组置石要考虑诸多因素，如环境、石的形状、体量、颜色等。

一是平面组合：在处理两块或三块石头的组合时，应注意石组连线，不能平行或垂直于视线方向。三块石以上的石组排列须成斜三角形，不能呈直线排列。

二是立面组合：从视觉上看，立面的效果更为直观，不能把石块放置在同一高度，应力求多样化，并赋予其自然特性。两块石头的组合应该是一高一低，两块以上的石堆应与石头的顶点构成一个三角形组合。

三是三块以上石头的组合，常采用奇数的石头成群组合，如三、五、七。

四是置石放置应力求平衡稳定，给人以宽松自然的感觉，每一块石头应埋入水中或土壤中。

五是置石一般安排在景园视线的焦点位置上，起点睛作用，同时会有景深感。

六是每块石头都有最佳观赏面，确定最佳观赏面以取得理石的最佳观赏效果，石组中各石头的最佳观赏面均应朝向主要的视线方向。

第二节　假山结构

一、假山结体构造

（一）假山立体结构造型基本方法

1. 环透式结构

环透式结构是指采用多种不规则孔洞和孔穴的山石，组成具有曲折环形通道或通透形孔洞的一种山体结构。环透式结构所用山石多为太湖石和石灰岩风化后的怪石。

2. 层叠式结构

层叠式结构是指用一层层山石叠砌成横向伸展形，具有丰富层次感的山体结构。层叠式结构所用山石多为青石和黄石，根据叠砌的方式分为水平层叠和斜面层叠。

3. 竖立式结构

竖立式结构是指将山石直立着叠砌，使假山具有挺拔向上、雄伟峻峭之势。竖立式结构所用山石多为条状或长片状的料石，短而矮的山石不能多用，根据叠砌方式可分为直立叠砌和斜立叠砌。

4. 填充式结构

填充式结构是指将假山内部用泥土、废石碴或混凝土等填充起来。用土填充可以栽种植物花草，降低山石造价；填充废碴可减少建筑垃圾的处理费用；填充混凝土可增强山体的牢固强度，应按具体情况各取所需。

（二）山石结体的基本形式

假山山体是整个假山全景的主要观赏部位。一座假山是由峰、峦、岭、台、壁、岩、谷、壑、洞、坝等单元结合而成的，而这些单元是由各种山石按照起、承、转、合的章法组合而成的。这些章法通过历代假山师傅的长期实践和总结，提出了具体施工的"十字诀"，即"安、连、接、斗、挎、拼、悬、剑、卡、垂"；以后又增加了"五字诀"，即"挑、券、撑、托、榫"。这十五字诀概括了构筑假山石体结构的各种做法，它目前仍是我们对假山山体施工所应掌握的具体施工技巧。

1. 安

安是安置山石的总称，是指将一块山石平放在一块或几块山石之上的叠石方法。这块山石放下去要安稳，其中又分单安、双安和三安。双安是指在两块不相连的山石上面安一块山石，下断上连，构成洞、岫等变化；三安则是于三石上安一石，使之形成一体。安石特别强调要"安"，即本来这些山石并不具备特殊的形体变化，而经过安石以后可以巧妙地组成富于石形变化的组合体，亦即《园冶》中所谓的"玲珑安巧"。

2. 连

山石之间的水平衔接称为"连"。连要求从假山的空间形象和组合单元来安排，要"知上连下"，从而产生前后左右参差错落的变化；同时又要符合皴纹分布的规律。相连的山石，其连接处的茬口形状和石面皴纹要尽量相互吻合，对于不吻合的缝口应选用合适的小石刹紧，使之成为一体。

3. 接

山石之间的竖向衔接称为"接"。山石衔接的茬口可以是平口，也可以是凸凹口，但一定是咬合紧密而不能有滑移的接口。衔接的山石外观上要依皴纹连接，至少要分出横竖纹路来。

4. 斗

以两块分离的山石为底脚，做成头顶相互内靠，如同两者争斗状，并在两头顶之间安置一块连接石；或借用斗拱构件的原理，在两块底脚石上安置一块拱形山石，形成上拱下空的手法称为"斗"。北京故宫乾隆花园一进庭院东部偏北的石山上，可以明显地看到这种模拟自然的结体关系：一条山石蹬道从架空的谷间穿过，为游览增添了不少险峻的气氛。

5. 挎

在一块大的山石之旁，挎靠一块小山石，犹如人在肩上挎包一样，称为"挎"。挎石可利用茬口咬压或上层镇压来稳定，必要时可加钢丝绕定。钢丝要藏在石的凹纹中或用其他方法加以掩饰。

6. 拼

在比较大的空间里，因石材太小，单独安置会感到零碎时，可以将数块以至数十块山石拼成一整块山石的形象，这种做法称为"拼"。在缺少完整石材的地方需要特置峰石，则可以采用拼峰的办法。例如，南京莫愁湖庭院中有两处拼峰特置，上大下小，有飞舞势，俨然一块完整的峰石，但实际上是数十块零碎的山石拼缀而成的。实际上这个"拼"

字也包括了其他类型的结体，但可以总称为"拼"。

7. 悬

下层山石向相对的方向倾斜或环拱，中间形成竖长如钟乳的山石，这种方法叫作"悬"。悬多用于湖石类的山石模仿自然钟乳石的景观，黄石和青石也有悬的做法，但在选材和做法上区别于湖石。

8. 剑

用长条形山石直立砌筑的尖峰，如同"刀笏朝天"，峭拔挺立的自然之势称为"剑"。剑石的布置要形态多变、大小有别、疏密相间、高低错落，不能形成"刀山剑树、炉烛花瓶"，多采用各种石笋或其他竖长的山石。由于剑石为直立，重心易于变动，栽立时必须将石脚埋入一定深度，以保证其有足够的稳定性。

9. 卡

在两块较大的分离山石之间，卡塞一块较小山石的做法称为"卡"。卡的着力点在中间山石的两侧，而不是在其下部，这就与悬相区别。

10. 垂

从一块山石顶面侧边部位的茬口处，用另一山石倒垂下来的做法称"垂"。"垂"和"悬"都有悬挂之作，但"垂"是在侧边悬挂，而"悬"是在中部悬挂；"垂"与"挎"都是侧挂，但"垂"是在顶部向下倒挂，而"挎"是石肩部位侧挂。

11. 挑

挑又称"出挑"，是指用较长的山石横向伸出，悬挑其下石之外的做法。假山中的环、岫、洞、飞梁，特别是悬崖都基于这种结体的形式。挑有担挑、单挑和双挑之分。如果挑头轮廓线太单调，可以在上面接一块石头来弥补，这块石头称为"飘"。挑石每层约出挑相当于山石本身长度的1/3，从现存园林作品中来看，出挑最多的有2 m多。挑的要点是求浑厚而忌单薄，要挑出一个面来才显得自然，因此要避免直接向一个方向挑。再就是巧安后竖的山石，使观者但见"前悬"还一定能观察到后竖用石，在平衡质量时应把前悬山石上面站人的荷重也估计进去，使之"其状可骇"而又"万无一失"。

12. 撑

撑又称戗，即斜撑，是指对重心不稳的山石从下面进行支撑的一种做法。应选取适合的支撑点，使加撑后在外观上形成脉络相连的整体。扬州个园的夏山洞中，做"撑"以加固洞柱并有余脉之势，不但统一地解决了结构和景观的问题，而且利用支撑山石组成的透洞采光，很合乎自然之理。

二、假山的结构设计

确定了假山要表现的主题，假山的骨架，假山采用的石材及主、次、配等诸峰平面、立面布局后，就要进行假山的结构设计。假山的结构从下至上可分为三层，即基础、中层和收顶。

（一）基础结构设计

假山的基础如同房屋的根基，是承重的结构。假山基础的承载能力是由地基的深浅、用材、施工等方面决定的。地基的土壤种类不同，承载能力也不同：岩石类为 $50 \sim 400 \ t/m^2$；碎石类为 $20 \sim 30 \ t/m^2$；沙土类为 $10 \sim 40 \ t/m^2$；黏性土为 $8 \sim 30 \ t/m^2$；杂质土承载力不均匀，必须回填好土。

根据假山的高度确定基础的深浅，由设计的山势、山体分布位置等确定基础的大小轮廓。假山的重心不能超出基础之外，若重心偏离铅重线，稍超越基础，山体倾斜时间长了就会倒塌。假山的基础可分为天然基础和人工基础。天然基础是指坐落稳定的天然山石，在自然大山的余脉上堆建假山，往往可获得天然山石基础。人工基础一般分为桩基、灰土基础和混凝土基础。

1. 桩基

这是一种古老的基础做法。木桩顶面的直径为 $10 \sim 15 \ cm$，平面布置按梅花形排列，故称"梅花桩"。桩边至桩边的距离为 20 cm，其宽度视假山底脚的宽度而定：如做驳岸，少则三排，多则五排；大面积的假山即在基础范围内均匀分布。桩的长度或足以打到硬层，称为"支撑桩"；或用其挤实土壤，称为"摩擦桩"，桩长一般有 1 m 多。桩木顶端露出湖底十几至几十厘米，其间用块石嵌紧，再用花岗石压顶，条石上面才是自然形态的山石，此即"大块满盖桩顶"的做法。条石应置于低水位线以下，自然山石的下部亦在水位线下，这样不仅美观，也可减少桩木的腐烂。颐和园修假山时挖出的柏木桩大多完好。

2. 灰土基础

灰土一经凝固便不透水，可以减少土壤冻胀的破坏。灰土基础的宽度应比假山底面积的宽度宽出 0.5 m 左右，术语称为"宽打窄用"，保证山石的压力沿压力分布的角度均匀地传递到素土层，灰槽深度一般为 $50 \sim 60 \ cm$。高度为 2 m 以下的假山山石一般打一步素土、一步灰土，一步灰土即布灰 30 cm，踩实到 15 cm 再夯实到 10 cm 厚左右；高度为 $2 \sim 4 \ m$ 的假山打一步素土、两步灰土，石灰一定要选用新出窑的块灰，在现场泼水化灰，灰土的比例采用 3∶7。

3. 混凝土基础

近代的假山多采用浆砌块石或混凝土基础。这类基础耐压强度大，施工速度较快。在基土坚实的情况下可利用素土槽浇灌，基槽宽度同灰土基。混凝土的厚度陆地上为 10~20cm，水中为 50 cm，高大的假山酌情加其厚度。陆地上的假山选用不低于 100 号的混凝土做基础，水泥、砂和卵石配合的质量比为 $1:2:4$~$1:2:6$；水中假山一般采用 150 号水泥砂浆砌块石或 200 号的素混凝土做基础。

（二）底层山石结构设计

在基础上铺砌一层自然山石，术语称为拉底。这层山石大部分在地面以下，只有小部分露出地面以上，并不需要形态特别好的山石。但它是受压更大的自然山石层，要求有足够的强度，因此，宜选用耐夯的大石拉底。古代匠师把"拉底"看作叠山之本，因为假山空间的变化都立足这一层。如果底层未打破整形的格局，则中层叠石亦难以变化。底石的材料要求大块、坚实、耐压，不允许用风化过度的山石拉底。

1. 拉底的设计应注意以下两个方面：

①统筹向背。根据立地的造景条件，特别是游览路线和风景透视线的关系，统筹确定假山的主次关系。

②断续相间。主山、次山、配山等形成的山脉及主峰、次峰、配峰等形成的山峰，其走势和皱纹都有一定的规律。从底层山石的平面来看，应该是时断时续。

2. 拉底在施工时应注意以下问题：

①石材种类和大小的选择。根据设计好的假山的高度来选择石材，高峰正底下应安装体量大、特别耐压的耐夯之石，禁止运用风化的石头，对其外观不做要求，山峰较低时可降低标准。铺底的山石可根据承压情况向外逐渐用较小体量的，有些底石须露出在外，应适当注意其外部美观。

②咬合茬口。这是指铺底的山石在平面上的要求。为保证铺底层的各块山石成为一个牢不可破的整体，以保证上面山体的稳固，需要根据石材的凹凸情况尽量选择一个凸凹相宜的邻石与之茬口相接。各石块之间尽量做到严丝合缝。当然，自然山石的轮廓多种多样、千变万化，很难使自然地相接严密，大块山石之间要用小块山石打入才能相互咬住、共同制约，成为一个统一的整体。底层山石咬合茬口，能使它们在同一个平面上相互牵扯，保证整体假山重心稳定，不发生偏移。

③石底垫平。这是铺底山石在竖直方向的要求，以避免石材在竖直方向上重心不稳、向下移动。在堆砌假山时，基础大多数要求大而平整的面向上，以便继续向上垒接。为了

保持山石上面水平，需要在下面垫一些大小合适的小石，而且在竖直面上接触面积要尽可能大，这样山石就会稳定。施工时，可把一些大石砸破，得到各种楔形的石块，这种作为垫石最好。如果山石底下着空，即使水平咬合的山石暂时在一个水平面上，上层的山体质量压下来也会破坏底层平面，导致下陷，影响整个山体的稳定性。

（三）中层的结构设计

中层即底石以上、顶层以下的部分，是占体量最大、触目最多的部分。中层结构用材广泛，单元组合和结构变化多端，可以说是假山造型的主要部分，结构设计要求如下：

一是接石压茬。山石上下的衔接要求严密，上下石相接时除了有意识地大块面闪进以外，还会避免在下层石上面闪露一些破碎的石面，假山师傅称其为"避茬"，认为"闪茬露尾"会失去自然气氛而流露出人工的痕迹。

二是偏侧错安。偏侧错安即力求破除对称的形体，避免成四方形、长方形、正品形或等边、等腰三角形，要因偏得致、错综成美。为了使各个方向呈不规则的三角形变化，就要为各个方向的延展创造基本的形体条件。

三是仄立避"闸"。山石可立、可蹲、可卧，但不宜像闸门板一样仄立。仄立的山石很难和一般布置的山石相协调，而且往上接山石时接触面往往不够大，因此也影响稳定。但这也不是绝对的，自然界也有仄立如闸的山石，特别是作为余脉的卧石处理等，但要求用得巧。有时为了节省石材而又能有一定高度，可以在视线不可及处以仄立山石空架上层山石。

四是等分平衡。拉底石时平衡问题表现不显著，掇到中层以后，平衡的问题就很突出了。《园冶》所谓的"等分平衡法"和"悬崖使其后坚"是此法的要领，如理悬崖必一层层地向外挑出，这样重心就前移了。因此，必须用数倍于"前沉"的中立稳压内侧，把前移的重心再拉回到假山的重心线上。

（四）收顶的结构设计

收顶即处理假山最顶层的山石。从结构上讲，收顶的山石要求体量大的，以便合凑收压。从外观上看，顶层的体量虽不如中层大，但有画龙点睛的作用，因此，要选用轮廓和体态都富有特征的山石。收顶一般分峰顶式、峦顶式和平顶式三种类型。

收顶是在中层山石顶面加以重力的镇压，使重力均匀地分布传递下去，往往用一块收顶的山石同时镇压下面几块山石。当收顶面积大而石材不够整时，就要采取"拼凑"的手法，并用小石镶缝使之成为一体。

(五) 假山内部山洞的结构设计

1. 洞壁的结构设计

(1) 墙式洞壁

墙式洞壁是以山石墙体为承重构件,洞壁由连续的山石所组成,整体性好,承重能力大,稳定性强;但因表面要保持一定平顺,故不易做出大幅度的转折凹凸变化,且所用石材较多。

(2) 墙柱组合洞壁

墙柱组合洞壁是洞内由承重柱和柱间墙组合成回转曲折的山洞。这种结构洞道布置比较灵活,回转自如,间壁墙可相对减薄,节省石料;但洞顶结构处理不好易产生倒塌事故。洞内的柱子分独立柱和嵌墙柱两种,独立柱可用长条形山石做成"直立石柱",也可用块状山石叠砌成"层叠石柱"。

2. 洞顶的结构设计

(1) 盖梁式洞顶

用比较好的山石做梁或石板,将其两端搁置在洞柱或洞墙上,成为洞顶承载盖梁。这种洞顶结构简单,施工容易,稳定性也较好,是山洞常采用的一种构造。但由于受石梁长度的限制,山洞不能做得太宽。

根据石长和洞宽,洞顶结构分为单梁式、双梁式、丁字梁式、三角梁式、井字梁式和藻井梁式。

(2) 挑梁式洞顶

从洞壁两边向中间逐层选挑,合拢成顶。这种结构可根据洞道宽窄灵活运用。

(3) 拱券式洞顶

选用契禅形的山石砌成拱券。这种结构比较牢固,能承受较大压力,也比较自然协调,但施工较为复杂。

第三节　假山施工

随着园林工程中假山的广泛应用,假山已成为园林工程中非常重要的组成部分。假山通常是指利用人工堆砌的方法,仿照自然山水,再经艺术加工而制成。不论假山采取何种材料,只要能称之为假山的,都是指人工堆成的山。其实通常所称的假山不仅包括假山,还包括置石部分。人工堆砌假山的目的是造景以供游览，多以土或石等为原料，参照自然山水进行艺术加工和提炼，从而形成人造的山水景观。假山的个体较大且相对集中，具有自然山林的高崇、雄伟之势，其可以以土为材料，可以以石为材料，也可以土石结合。置石则具有较多的分类，有持置、对置、散置和群置等，其体量较小且分散，以观赏为主。置石通常是以山石为原料来进行独立造景或是作为附属性配置，其不具备完整的山形，主要表现山石的个体美。

一、假山施工

（一）假山立体结构造型基本方法

1. 假山施工工序

（1）选石。自古以来选石多重奇峰孤赏，追求"瘦、皱、漏、透、奇、丑"，追求山形山势，了解石性则叠石有型，叠石的选材必须符合自然山石的规律与工程地质表象。

（2）采运。中国古代采石多用潜水凿取、土中掘取、浮面挑选和寻求古石等方法。

（3）相石。相石又称读石、品石。施工时须先对现场石料反复观察，区别不同颜色、纹理和体量，按假山部位和造型要求分类排队，对关键部位和结构用石做出标记，以免滥用。

（4）立基。奠定基础，挖土打桩，基础深度取决于山石高度和土基状况，一般基础地面标高应在土表或常水位线以下 0.3~0.5 m。基础常见形式有石基（或条石）、桩基（木和石桩）、灰土基、钢筋混凝土板基或桩。

（5）拉底。拉底又称起脚，即稳固山脚底层和控制平面轮廓，常在周边及主峰下安底石，中间填土，以节约材料。

（6）堆叠中层。中层指底层以上、顶层以下的大部分山体，假山的造型技法与工程措施主要表现在这部分。另外，中层部分还需要安排留出狭隙洞穴，至少深 0.5 m 以上，以便置土种植树、木、花、草。

（7）收顶。顶层是假山效果的重点部位。

2. 假山施工要点

（1）假山应自后向前、由主及次、自下而上分层作业，每层高度为 0.3~0.8m，各工作面叠石必须在胶结材料未凝之前或凝结之后继续施工，万不得在凝固期间强行施工，一旦松动则胶结材料失效，会影响全局。一般管线水路应预埋、预留，切忌事后穿凿，导致石体松动，对于承重受力用石必须小心挑选，保证有足够强度。山石就位前应按叠石要求原地立好，然后拴绳打扣。就位应争取一次成功，避免反复。

（2）筑山应始终注意安全，用石必查虚实。拴绳打扣要牢固，工人应穿戴防护鞋帽，掇山要有躲避余地。雨期或冬季要排水防滑。人工抬石应搭配力量，统一口令和步调，确保行进安全。

（3）筑山完毕应重新复检设计（模型），检查各道工序，进行必要的调整补充，冲洗石面，清理场地。有水景的地方应开阀试水，检查水路、池塘等是否漏水。有种植条件的地方应填土施肥，种树、植草一气呵成。

（二）假山的施工

1．假山定位放线

（1）审阅图纸

首先，看懂假山工程施工图纸，掌握山体形式和基础的结构，以便正确放样；其次，为了便于放样，要在平面图上按一定的比例尺寸，依工程大小或平面布置复杂程度，采用 2 m×2 m，5 m×5 m 或 10 m×10 m 的尺寸画出方格网，以其方格与山脚轮廓线的交点作为地面放样的依据。

（2）实地放样

在设计图方格网上，选择一个与地面有参照的可靠固定点作为放样定位点，然后以此点为基点，按实际尺寸在地面上画出方格网，并对应图纸上的方格和山脚轮廓线的位置放出地面上的相应白灰轮廓线。

2．假山基础的施工

基础的施工应根据设计要求进行，假山基础有浅基础、深基础、桩基础等。

（1）浅基础的施工

浅基础的施工程序为原土夯实→铺筑垫层→砌筑基础。浅基础一般是在原地面上经夯实后砌筑的基础。此种基础应事先将地面进行平整，清除高垄，填平凹坑，然后进行夯实，再铺筑垫层和基础。

（2）深基础的施工

深基础的施工程序为挖槽→夯实整平→铺筑垫层→砌筑基础。深基础是将基础埋入地面以下的基础，应按基础尺寸进行挖土，严格掌握挖土深度和宽度，一般假山基础的挖土深度为 50~80 cm，基础宽度多为山脚线向外 50 cm，土方挖完后夯实整平，然后按设计铺筑垫层和砌筑基础。

（3）桩基础的施工

桩基础的施工程序为打桩→整理桩头→填塞桩间垫层→浇筑桩顶盖板。桩基础多为短木桩或混凝土桩打入土中而成，在桩打好后，应将打毛的桩头锯掉，再按设计要求铺筑桩子之间的空隙垫层并夯实，然后浇筑混凝土桩顶盖板或浆砌块石盖板，要求浇实灌足。

3. 假山山脚施工

假山山脚是直接落在基础之上的山体底层，它的施工分为拉底、起脚和做脚。

（1）拉底

拉底是指用山石做出假山底层山脚线的石砌层。拉底的方式有满拉底和线拉底两种。

①满拉底是将山脚线范围内用山石满铺一层。这种方式适用于规模较小、山底面积不大的假山，或者有冻胀破坏的北方地区及有震动破坏的地区。

②线拉底是按山脚线的周边铺砌山石，而内空部分用乱石、碎石、泥土等填补筑实。这种方式适用于底面积较大的大型假山。

拉底的技术要求如下：

①底脚石应选择石质坚硬、不易风化的山石。

②每块山脚石必须垫平垫实，用水泥砂浆将底脚空隙灌实，不得有丝毫动摇感。

③各山石之间要紧密咬合，互相连接形成整体，以承托上面山体的荷载分布。

④拉底的边缘要错落变化，避免做成平直和浑圆形状的脚线。

（2）起脚

拉底之后，开始砌筑假山山体的首层山石层叫"起脚"。起脚边线的常用做法有点脚法、连脚法和块面法。

①点脚法：在山脚边线上，用山石每隔不同的距离做墩点，用片块状山石盖于其上，做成透空小洞穴。这种做法多用于空透型假山的山脚。

②连脚法：按山脚边线连续摆砌弯弯曲曲、高低起伏的山脚石，形成整体的连线山脚线。这种做法各种山形都可采用。

③块面法：用大块面的山石连线摆砌成大凸大凹的山脚线，使凸出凹进部分的整体感都很强。这种做法多用于造型雄伟的大型山体。

起脚的技术要求如下：

①起脚石应选择敦厚实在、质地坚硬的山石。

②砌筑时先砌筑山脚线凸出部位的山石，再砌筑凹进部位的山石，最后砌筑连接部位的山石。

③假山的起脚宜小不宜大、宜收不宜放，即起脚线一定要控制在山脚线的范围以内，

宁可向内收一点儿而不要向外扩出去。起脚过大会影响砌筑山体的造型,形成臃肿、呆笨的体态。

④起脚石全部摆砌完成后,应将其空隙用碎砖石填实灌浆,或填筑泥土打实,或浇筑混凝土筑平。

⑤起脚石应选择大小、形态、高低不同的料石,使其犬牙交错,相互首尾连接。

(3)做脚

做脚是对山脚的装饰,即用山石装点山脚的造型。山脚造型一般是在假山山体的山势大体完成之后所进行的一种装饰,其形式有凹进脚、凸出脚、断连脚、承上脚、悬底脚和平板脚等。

①凹进脚:山脚向山内凹进,可做成深浅宽窄不同的凹进,使脚坡形成直立、陡坡、缓坡等不同的坡度效果。

②凸出脚:山脚向外凸出,同样可做成深浅宽窄不同的凸出,使脚坡形成直立、陡坡等形状。

③断连脚:将山脚向外凸出,但凸出的端部做成与起脚石似断似连的形式。

④承上脚:对山体上方的悬垂部分将山脚向外凸出,做成上下对应造型,以起到山势变化、遥相呼应的效果。

⑤悬底脚:在局部地方的山脚可做成低矮的悬空透孔,使之与实脚体构成虚实对比的效果。

⑥平板脚:用片状、板状山石连续铺砌在山脚边缘,做成如同山边小路,以突出假山上下的横竖对比。

4. 用铁件进行假山山石固定

假山山体施工中,采用"连、接、斗、挎、拼、悬、卡、垂"等手法时,都可借助铁件加以固定或连接,常用的铁件有铁吊架、铁扁担、铁银锭、铁爬钉等。

(1)铁吊架。铁吊架是用扁铁打制成上钩下托的一种挂钩,主要用来吊挂具有悬石结构的施工连接。吊挂稳妥后,用砂浆灌缝密实,再用铅丝捆绑稳固,干后即可安全无虞。

(2)铁扁担。铁扁担可以用扁铁、角铁或粗螺纹钢筋来制作,按其需要长度将两端弯成直钩即可,主要用来承托山石向外挑出的有关结构,如洞顶、岩边等的悬挑石。铁扁担两端直钩的弯起高度,以能使其钩住挑石为原则。

(3)铁银锭。铁银锭一般是指用熟铸铁制作成两端宽、中间窄的元宝状铁件,主要用于两块山石对口缝的连接。连接前须将两块山石连接处按银锭大小画出榫口线,然后用錾子凿出槽口,再将铁银锭嵌入槽口内,最后灌入砂浆即可。

（4）铁爬钉。铁爬钉又称"蚂蟥钉"，多用 30~50 cm 长的钢筋打制成两端为弯起尖脚爪的形状。它是假山中各种山石相互连接的常用铁件，制作容易、施工简单，只须分别在两块山石上各凿剔一个脚爪眼，将爬钉钉入即可。

二、塑山

塑山是指用雕塑艺术的手法，以天然山岩为蓝本，人工塑造的假山或石块。早在百年前，在广东、福建一带就有传统的灰塑工艺。20 世纪 50 年代，北京动物园用钢筋混凝土塑造了狮虎山；20 世纪 60 年代，塑山、塑石工艺在广州得到了很大的发展，标志着我国假山艺术发展到一个新阶段，创造了很多具有时代感的优秀作品。那些气势磅礴、富有力感的大型山水和巨大奇石与天然岩石相比，它们自重轻、施工灵活、受环境影响较小，可按理想预留种植穴，因此，为设计创造了广阔的空间。塑山、塑石通常有两种做法：一是钢筋混凝土塑山，二是砖石混凝土塑山，也可以两者混合使用。

（一）钢筋混凝土塑山

1. 基础

根据基地土壤的承载能力和山体的质量，经过计算确定其尺寸大小。通常的做法是根据山体底面的轮廓线，每隔 4 m 做一根钢筋混凝土柱基，如山体形状变化大，应在局部柱子上加密，并在柱间做墙。

2. 立钢骨架

立钢骨架包括浇注钢筋混凝土柱子、焊接钢骨架、捆扎造型钢筋和盖钢板网等。其造型钢筋和盖钢板网是塑山效果的关键之一，是为了造型和挂泥之用。钢筋要根据山形做出自然凹凸的变化，盖钢板网时一定要与造型钢筋贴紧扎牢，不能有浮动现象。

3. 面层批塑

先打底，即在钢筋网两边抹灰，材料配比为"水泥+黄泥+麻刀"，其中水泥：沙为 1:2，黄泥为总质量的 10%，麻刀适量。砂浆拌和必须均匀，随用随拌，存放时间不宜超过 1 h，初凝后的砂浆不能继续使用。

4. 表面修饰

（1）皴纹和质感。修饰重点在山脚和山体中部。山脚应表现粗犷，有人为破坏、风化的痕迹，并多有植物生长。山腰部分一般在 1.8~2.5 m 处，是修饰的重点，应追求皴纹的真实，做出不同的面，强化力感和棱角，以丰富造型。修饰时要注意层次，尽量使色彩逼真，主要手法有印、拉、勒等。山顶一般在 2.5 m 以上，施工时不必做得太细致，可在将山顶轮廓线渐收的同时令色彩变浅，以增加山体的高大和真实感。

（2）着色。着色可直接用彩色，此法简单易行，但色彩呆板。另一种方法是选用不同颜色的矿物颜料加白水泥再加适量的 107 胶配制而成，颜色要仿真，可以有适当的艺术夸张，色彩要明快，着色要有空气感，如上部着色略浅，纹理凹陷部分色彩要深，常用手法有洒、倒、甩，刷的效果一般不好。

（3）光泽。可在石的表面涂过氧树脂或有机硅，重点部位还可打蜡。应注意青苔和滴水痕的表现，时间久了，还会自然地长出真的青苔。

（4）种植池。应根据植物（土球）总质量决定种植池的大小和配筋，并注意留排水孔。给排水管道最好于塑山时预埋在混凝土中，一定要做防腐处理。在兽舍外塑山时，最好同时做水池，可便于兽舍降温和冲洗，并方便植物供水。

（5）养护。在水泥初凝后开始养护，要用麻袋片、草帘等材料覆盖，避免阳光直射，并每隔 2~3 h 洒一次水。洒水时要注意轻淋，不能冲射。养护期不少于半个月，在气温低于 5 ℃时应停止洒水养护，采取防冻措施，如遮盖稻草、草帘、草包等。一切外露的金属均应涂防锈漆，以后应每年涂一次。

（二）砖石塑山

首先在拟塑山石土体外缘清除杂草和松散的土体，按设计要求修饰土体，沿土体外开沟做基础，其宽度和深度视基地土质和塑山高度而定。接着沿土体向上砌砖，要求与挡土墙相同，但砌砖时应根据山体造型的需要而变化，如表现山岩的断层、节理和岩石表面的凹凸变化等。然后在表面抹水泥浆，进行表面修饰，最后着色。

塑山工艺中存在的主要问题如下：一是由于山的造型、皴纹等的表现要靠施工者的手上功夫，因此，对师傅的个人修养和技术的要求较高；二是水泥砂浆表面易发生龟裂，影响强度和观瞻；三是易褪色。以上问题亦在不断改进之中。

（三）GRC 假山造景

GRC 是玻璃纤维强化水泥（Glass Fiber Reinforced Cement）的缩写，它是将抗碱玻璃纤维加入低碱水泥砂浆中硬化后产生的高强度的复合物。随着时代科技的发展，20 世纪 80 年代，国际上开始用 GRC 造假山。这种使用机械化生产制造的假山石元件，具有质量轻、强度高、抗老化、耐水湿，易于工厂化生产，施工方法简便、快捷，成本低等特点，是目前理想的人造山石材料。用这种工艺制造的山石质感和皴纹都很逼真，为假山艺术创作提供了更广阔的空间和可靠的物质保证，为假山技艺开创了一条新路，使其达到"虽为人作，宛自天开"的艺术境界。GRC 假山元件的制作主要有两种方法：一为席状层积式手工生产法；二为喷吹式机械生产法。现将喷吹式机械生产法的工艺简介如下：

1. 模具制作

根据生产"石材"的种类、模具使用次数和野外工作条件等选择制模材料。常用模具的材料可分为软模，如橡胶膜、聚氨酯模、硅模等；硬模，如钢模、铝模、GRC模、FRP模、石膏模等。制模时，应以选择天然岩石皴纹好的部位和便于复制操作为原则拓制模具。

2. GRC 假山石块的制作

将低碱水泥与一定规格的抗碱玻璃纤维以二维乱向的方式同时均匀分散地喷射于模具中，凝固成形。在喷射时应随吹射随压实，并在适当的位置预埋铁件。

3. GRC 的组装

将 GRC"石块"元件按设计图进行假山的组装，要求焊接牢固，修饰、做缝，使之浑然一体。

4. 表面处理

表面处理主要是使"石块"表面具有憎水性，产生防水效果，并具有真石的润泽感。

（四）CFRC 塑石

CFRC 是碳纤维增强混凝土（Carbon Fiber Reinforced Cement or Concrete）的缩写。20世纪 70 年代，英国首先制作了聚丙烯腈基（PAN）碳素纤维增强水泥基材料的板材并应用于建筑，开创了 CFRC 研究和应用的先例。在所有元素中，碳元素在构成不同结构的能力方面似乎是独一无二的。这使碳纤维具有极高的强度，高阻燃，耐高温，具有非常高的拉伸模量，与金属接触电阻低和良好的电磁屏蔽效应，故能制成智能材料，在航空、航天、电子、机械、化工、医学器材、体育娱乐用品等工业领域中被广泛应用。CFRC 人工碳是把碳纤维搅拌在水泥中，制成的碳纤维增强混凝土，并用于造景工程。CFRC 人工岩与 GRC 人工岩相比较，其抗盐侵蚀、抗水性、抗光照能力等方面均明显优于 GRC，并具抗高温、抗冻融干湿变化等优点，其长期强度保持力高，是耐久性优异的水泥基材料，因此，适合于河流、港湾等各种自然环境的护岸、护坡。由于 CFRC 具有的电磁屏蔽功能和可塑性，因此可用于隐蔽工程等，更适用于园林假山造景、彩色路石、浮雕、广告牌等各种景观的再创造。

第七章　园林绿化工程设计与施工

第一节　园林植物种植设计

一、园林植物的特性

（一）园林植物的分类

1. 植物的基本类群

（1）低等植物

植物体无根、茎、叶的分化，没有中柱，多为异养植物，不含叶绿体，多为无性繁殖。低等植物包括藻类植物门、细菌植物门、真菌植物门、黏菌植物门、地衣植物门。

（2）高等植物

植物体有根、茎、叶的分化，有中柱，含叶绿体，能进行光合作用，制造有机物供自身生长需要。高等植物包括苔藓植物门、蕨类植物门和种子植物门。

种子植物门的进化程度最高，器官最发达，种子繁殖。各种乔木、灌木和草本都属于这一门，按有无果皮包被种子分为裸子植物和被子植物两个亚门，裸子植物叶形小，多为针形、条形或鳞形，俗称针叶树；被子植物叶片较宽，一般称阔叶树。

2. 园林植物的分类及命名

（1）园林植物分类

园林植物种类繁多，不论从研究和认识的角度，还是从生产和消费的角度，都需要对这么多的种类进行归纳分类。

人们根据植物的进化规律和亲缘关系，将具有相似的形态构造、有一定生物学特性和分布区的个体总和定为"种"，相近似的种归纳为一属，相近似的属归纳为一科，从此建立了分类系统。常用的单位为界、门、纲、目、科、属、种，并可根据实际需要，再加划中间单位，如亚门、亚纲、亚科、亚属、变种、变型等。界是最高级单位，种是最基本单位。

全世界的植物大约有 40 多万种，其中高等植物有 30 多万种，归属 300 多个科，被子园林植物主要的科有：十字花科、蔷薇科、豆科、菊科、茄科、芸香科、百合科、葡萄科、苋科、唇形科、禾本科、石蒜科、鸢尾科、兰科、毛茛科、仙人掌科、景天科、虎耳草科、木樨科、旋花科、芭蕉科、天南星科、棕榈科、凤梨科、桑科、山茶科、杜鹃花科、石竹科、睡莲科、漆树科、无患子科、锦葵科、报春花科、杨柳科、木兰科等。蕨类植物、裸子植物中也有一些重要的园艺作物，如银杏、铁线蕨、油松、雪松、水杉、圆柏等，分别归属不同的科。

（2）园林植物的命名

在现实生活中，不同地方、不同人群对植物的认识不同，造成植物同物多名或同名异物的现象。为此，瑞典植物学家林奈提倡用双名法来命名，得到世界的公认和统一。林奈双名法用拉丁文命名，由属名和种加词组成，用拉丁文书写，印刷时用斜体字，属名首字母大写，种名首字母小写，其余字母小写。种名之后是命名者的姓，用正体字，首字母大写。若该学名更改过，则原定名人的姓外要加圆括号。

3. 园林植物按其生长特性分类

（1）乔木

树体高大（6 m 以上），具明显高大主干者为乔木。依叶片大小与形态分为针叶乔木和阔叶乔木两大类。

①针叶乔木

叶片细小，呈针状、鳞片状或线形、条形、钻形、披针形等。除松科、杉科、柏科等裸子植物属此类外，木麻黄、柽柳等叶形细小的被子植物也常被置于此类。

针叶乔木可按叶片生长习性分为两类：一类是常绿针叶乔木，如雪松、白皮松、圆柏、罗汉松等；另一类是落叶针叶乔木，如水杉、落羽杉、池杉、落叶松、金钱松等。

②阔叶乔木

叶片宽阔，大小和叶形各异，包括单叶和复叶，种类远比针叶类丰富，大多数被子植物属此类。

阔叶乔木可按叶片生长习性分为两类：一类是常绿阔叶乔木，如白兰花、桂花、扁桃、香樟等；另一类是落叶阔叶乔木，如毛白杨、二球悬铃礼、栾树、槐树等。

乔木类可依其高度而分为伟乔（30 m 以上）、大乔（21～30 m）、中乔（11～20 m）和小乔（6～10 m）四级，乔木类树木多为观赏树种，应用于园林露地，还可按生长速度分为速生树、中生树、慢生树三类。

（2）灌木

树体矮小，通常无明显主干或主干极矮，树体有许多相近的丛生侧枝。有赏花、赏果、赏叶类等，多做基础种植和盆栽观赏树种。

①根据叶片大小分为针叶灌木和阔叶灌木。

针叶灌木只有松属、圆柏属和鸡毛松属的少量树种，其余均为阔叶灌木。

②按叶片生长习性分为常绿阔叶灌木和落叶阔叶灌木两类。

常绿阔叶灌木：如海桐、茶梅、黄金榕、龙船花等。

落叶阔叶灌术：如蜡梅、铁梗海棠、紫荆、珍珠梅等。

（3）藤本类植物

茎细长不能直立，呈匍匐或常借助茎蔓、吸盘、吸附根、卷须、钩刺等攀附在其他支撑物上才能直立生长。藤本类植物主要用于园林垂直绿化，依其攀附特性可分为四类。

绞杀类：如络石、薜荔具有缠绕性和较粗壮、发达的吸附根，可使被缠绕的树木缢紧而死亡。

吸附类：如地锦可借助吸盘、常春藤可借助吸附根而向上攀登。

卷须类：如炮仗花、葡萄借助卷须缠绕等。

蔓条类：如蔓性蔷薇、三角花每年可发生多数长枝，枝上有钩刺借助支撑物上升。

4.园林植物按观赏性分类

（1）草本观赏植物

①一、二年生花卉

一年生花卉：是指一个生长季节内完成生活史的观赏植物，即从播种、萌芽、开花结实到衰老乃至枯死均在一个生长季节内，如凤仙花、鸡冠花、一串红、千日红、万寿菊等。

二年生花卉：是指两个生长季节内才能完成生活史的观赏植物，一般较耐寒，常秋天播种，当年只生长营养体，第二年开花结实，如三色堇、金鱼草、虞美人、石竹、福禄考、瓜叶莉、羽衣甘蓝、美女樱、紫罗兰等。

②宿根花卉

地下部分形态正常，不发生变态，依其地上部茎叶冬季枯死与否又分为落叶类（如菊花、芍药、蜀葵、铃兰等）与常绿类（如万年青、萱草、君子兰、铁线蕨等）。

③球根花卉

地下部分变态肥大，茎或根形成球状物或块状物，其中球茎类花卉有小苍兰、唐菖蒲、番红花等；鳞茎类花卉有水仙、风信子、朱顶红、郁金香、百合等；块茎类花卉有彩叶芋、马蹄莲、晚香玉、球根秋海棠、仙客来、大岩桐等；根茎类花卉有美人蕉、鸢尾等；块根类花卉有大丽花、花毛茛等。

④兰科花卉

春兰、惠兰、建兰、墨兰、石斛、兜兰等。

⑤水生花卉

生长在水池或沼泽地，如荷花、王莲、睡莲、凤眼莲、慈姑、千屈菜、金鱼藻、芡、水葱等。

⑥蕨类植物

这是一大类观叶植物，包括很多种的蕨类植物，如铁线蕨、肾蕨、巢蕨、长叶蜈蚣草、观音莲座蕨、金毛狗等。

（2）木本观赏植物

①落叶木本植物

月季、牡丹、蜡梅、樱花、银杏、红叶李、丁香、爬山虎、西府海棠、碧桃、山杏、合欢、柳树等。

②常绿木本植物

雪松、侧柏、罗汉松、女贞、变叶木等。

③竹类

紫竹、佛肚竹、方竹、矮竹、箭竹等。

（3）地被植物

地被植物一般指低矮的植物群体，用于覆盖地面。地被植物不仅有草本和蕨类植物，也包括小灌木和藤本类植物。主要的地被植物有多边小冠花、葛藤、紫花苜蓿、百脉根、蛇莓、二月兰、百里香、铺地柏、虎耳草等。草坪草也属地被植物，但通常另列一类，主要是指禾本科草和莎草科草，也有豆科草。

（4）仙人掌类及多肉多浆植物

仙人掌类及多肉多浆植物多数原产于热带或亚热带的干旱地区或森林中，通常包括仙人掌科以及景天科、番杏科、萝摩科植物。

5. 园林植物按植物原产地分类

园林植物按植物原产地分类如下：

（1）中国气候型

中国气候型又称大陆东岸气候型，气候特点是冬寒夏热，年温差较大。除中国外，日本、北美东部、巴西南部、大洋洲东部、非洲东南部等也属这一气候地区。这一气候型又因冬季气温的高低，分为温暖型和冷凉型。

温暖型：中国水仙、石蒜、百合、山茶、杜鹃、南天竹、中国石竹、报春、凤仙、矮牵牛、美女樱、半枝莲、福禄考、马蹄莲、唐菖蒲、一串红等。

冷凉型：菊花、芍药、翠菊、荷包牡丹、荷兰菊、金光菊、翠雀、花毛茛、乌头、百合、铁线莲、鸢尾、醉鱼草、蛇鞭菊、贴梗海棠等。

（2）欧洲气候型

欧洲气候型又称大陆西岸气候型，气候特点是冬季温暖，夏季也不炎热。欧洲大部分、北美西海岸中部、南美西南角、新西兰南部等属于这一气候地区。著名观赏植物有三色堇、雏菊、银白草、矢车菊、勿忘草、紫罗兰、羽衣甘蓝、毛地黄、铃兰、锦葵等。

（3）地中海气候型

地中海气候的特点是秋季至春季雨季，夏季少雨，为干燥期。地中海沿岸、南非好望角附近、大洋洲东南和西南部、南美智利中部、北美加利福尼亚等地属于这一气候地区。著名观赏植物有：郁金香、小苍兰、水仙、风信子、鸢尾、仙客来、白头翁、花毛茛、番红花、天竺葵、花菱草、酢浆草、唐菖蒲、石竹、金鱼草、金盏菊、麦秆菊、蒲包花、君子兰等。

（4）墨西哥气候型

墨西哥气候型又称热带高原气候型，周年温差小，14～17℃。此气候除墨西哥高原外，还有非洲中部高山地区、中国云南等地。主要观赏植物有：大丽花、晚香玉、老虎花、百日草、波斯菊、一品红、万寿菊、藿香蓟、球根秋海棠、报春、云南山茶、香水月季、常绿杜鹃、月月红等。

（5）热带气候型

热带气候的特点是周年高温，温差小，雨量大，但分雨季和旱季。亚洲、非洲、大洋洲、中美洲、南美洲的热带地区均属此气候型。观赏植物有虎尾兰、彩叶草、鸡冠花、非洲紫罗兰、猪笼草、变叶木、红桑、凤仙花、大岩桐、竹芋、紫茉莉、花烛、长春花、美人蕉、牵牛花、秋海棠、水塔花、朱顶红等。

（6）沙漠气候型

沙漠气候的特点是雨量少、干旱，多位于不毛之地，如非洲、阿拉伯、黑海东北部、大洋洲中部、墨西哥西北部、秘鲁和阿根廷部分地区以及中国海南岛西南部地区。主要观赏植物有：仙人掌、芦荟、伽蓝菜、十二卷、光棍树、龙舌兰、霸王鞭等。

（7）寒带气候型

寒带气候型地区，冬季漫长而严寒，夏季短促而凉爽，多大风，植物矮小，生长期短。此气候型地区包括北美阿拉斯加、亚洲西伯利亚和欧洲最北部的斯堪的纳维亚。代表观赏植物有：细叶百合、绿绒蒿、雪莲、点地梅等。

6. 按栽培方式分类

（1）露地园林植物

露地园林植物是指在自然条件中生长发育的园林植物。这类园林植物适宜栽培于露天的园地。由于园地土壤水分、养分、温度等因素容易达到自然平衡，光照又较充足，因此，枝壮叶茂，花大色艳。露地园林植物的管理比较简单，一般不需要特殊的设施，在常规条件下便可栽培，只要求在生长期间及时浇水和追肥，定期进行中耕、除草。

（2）温室园林植物

温室园林植物是指必须使用温室栽培或进行越冬养护的园林植物。这类植物通常上用盆栽植，以便搬移和管理。所用的培养土或营养液，光照、温度、湿度的调节以及浇水和追肥全依赖人工管理。对于温室植物的养护管理要求比较细致，否则会导致生长不良，甚至死亡。另外，温室植物的概念也因地区气候的不同而异，如北京的温室植物到南方则常作为露地植物栽培。除以上两种栽培方式外，还有无土栽培、促成或抑制栽培等方式。

实践中，许多园林植物均是"身兼数职"，因此，应根据实际需要，灵活运用。

7. 依植物观赏部位分类

（1）观花类

观花类包括木本观花植物与草本观花植物。观花植物以花朵为主要的观赏部位，且以花大、花多、花艳或花香取胜。

木本观花植物：如玉兰、梅花、杜鹃、碧桃、榆叶梅等。

草本观花植物：有菊花、兰花、大丽花、一串红、唐菖蒲等。

（2）观叶类

观叶类以观赏叶形、叶色为主的园林植物。这类植物或叶色光亮、色彩鲜艳，或者叶形奇特而引人注目。观叶园林植物观赏期长，观赏价值较高。如龟背竹、红枫、黄栌、芭蕉、苏铁、橡皮树、一叶兰等。

（3）观茎类

观茎类园林植物茎干因色泽或形状异于其他植物而具有独特的观赏价值。如佛肚竹、紫薇、白皮松、竹类、白桦、红瑞木等。

（4）观果类

观果类园林植物果实色泽美丽，经久不落，或果实奇特，色形俱佳。如石榴、佛手、金橘、五色椒、火棘、山楂等。

（5）观姿态类

观姿态类以观赏园林树木的树形、树姿为主。这类园林植物树形、树姿或端庄，或高耸，或浑圆，或盘绕，或似游龙，或如伞盖。如雪松、龙柏、香樟、银杏、合欢、龙爪榆等。

（6）观芽类

观芽类园林植物的芽特别肥大美丽。如银柳、结香。

8. 按在园林绿化中的用途分类

（1）行道树

为了美化、遮阴和防护等目的，在道路两旁栽植的树木。如悬铃木、棒棒树、杨树、垂柳、银杏、广玉兰等。

（2）庭荫树

又称绿荫树，主要以能形成绿荫供游人纳凉避免日光曝晒和装饰用：多孤植、或丛植在庭院、广场或草坪内，供游人在树下休息之用。如樟树、油松、白皮松、合欢、梧桐、杨类、柳类等。

（3）花灌木

凡具有美丽的花朵或花序，其花形、花色或芳香有观赏价值的乔木、灌木、丛木及藤本类植物。如牡丹、月季、紫荆、迎春花、大叶黄杨、玉兰、山茶等。

（4）绿篱植物

在园林中主要起分隔空间、范围、场地，遮蔽视线，衬托景物，美化环境以及防护等作用。如黄杨、女贞、水蜡、榆、三角花和地肤等。

（5）地被植物及草坪

用低矮的木本或草本植物种植在林下或裸地上，以覆盖地面，起防尘降温及美化作用。常用的植物有：酢浆草、枸杞、野牛草、结缕草、匍地柏等。

（6）垂直绿化植物

通常做法是栽植攀缘植物，绿化墙面和藤架。如常春藤、木香、爬山虎等。

（7）花坛植物

采用观叶、观花的草本花卉及低矮灌木，栽植在花坛内组成各种花纹和图案。如石楠、月李、金盏菊、五色苋等。

（8）室内装饰植物

将植物种植在室内墙壁和柱上专门设立的栽植槽内，如蕨类、常春藤等。

（9）片林

用乔木类植物带状栽植作为公园外围的隔离带环抱的林带可组成一封闭空间，稀疏的片林可供游人休息和游玩。如各种松、柏、杨树林等。

二、园林植物的生态习性

（一）植物的生态特性

植物生长环境中的温度、水分、土壤、光照、空气等生态因子，对植物的生长发育具有重要的影响，研究环境中各因子与植物的关系是植物造景的生态理论基础。植物长期生长在某种环境里，受到该环境条件的特定影响，并通过新陈代谢在生活过程中形成了对某些生态因子的特定需要，这就是植物的生态习性。

1. 温度因子

温度能够直接影响园林植物的生理活动和生化反应，所以，温度因子的变化对园林植物的生长发育以及分布都具有极其重要的作用。

（1）园林植物的温周期

温度并不是一成不变的，而是呈周期性的变化，这就是温周期，包括季节的变化及昼夜的变化。不同地区的四季长短、温度变化是不同的，其差异的大小受地形、地势、纬度、海拔、降水量等因子的综合影响。该地区的植物由于长期适应这种季节性的变化，形成了一定的生长发育节奏，即物候期。在园林植物的栽培和养护中，都应该对当地气候变化特点及植物物候期有充分的了解，才能进行合理的栽培管理。一天中白昼温度较高，光合作用旺盛，同化物积累较多；夜间温度较低，可以减少呼吸消耗。这种昼高夜低的温度变化对植物生长有利。但不同植物适宜的昼夜温差范围不同。通常热带植物适宜的昼夜温差为 3~6 ℃，温带植物为 5~7 ℃，而沙漠植物的昼夜温差则在 10 ℃以上。

（2）高温及低温障碍

当园林植物所处的环境温度超过其正常生长发育所需温度的上限时，引起蒸腾作用加强，水分平衡失调，破坏新陈代谢作用，造成伤害直至死亡。另外，高温也会妨碍花粉的萌发与花粉管的伸长，并会导致落花落果。

低温主要指寒潮南下引起突然降温而使植物受到伤害，低温主要伤害如下：

寒害：指气温在 0 ℃以上而使植物受害的情况，主要发生在一些热带喜温植物上。如轻木在 5 ℃时就会严重受害。椰子在气温降至 0 ℃以前，就会发生叶色变黄、落叶等受害症状。

霜害：指气温降至 0 ℃时，空气中的水汽会在植物表面凝结形成霜时植物的受害情况。霜害的时间如果较短，且气温缓慢回升，大部分植物可以恢复。如果霜害时间较长，或气温回升迅速，则容易导致植物叶片永久损伤。

冻害：指气温降至 0 ℃以下时，引起植物受害的情况。由于气温降至 0 ℃以下，植物体温亦降至 0 ℃以下，细胞间隙出现结冰，导致细胞膜、细胞壁出现破裂，引起植物受害或死亡。

园林植物抵抗突然低温的能力，因植物种类、植物的生育期、生长状况等的不同而有所不同。例如，柠檬在-3 ℃时会受害，金柑在-11 ℃时会受害，而生长在寒温带的针叶树可耐-20 ℃的低温。同一植物的不同生长发育时期，抵抗突然低温的能力也有很大不同，休眠期最强，营养生长期次之，以生殖生长时期最弱。同一植物的不同器官或组织的抵抗能力也是不同的，一般来说胚珠、心皮等能力较弱，果实和叶片较强，以茎干的抗低温性最强，其中，根颈部是最耐低温的地方。

另外，在寒冷地区，低温障碍还有冻拔和冻裂两种情况。冻拔主要发生在草本植物中，尤其小苗会更严重。当土壤含水量过高时，土壤结冻会产生膨胀隆起，并将植物一并抬起；当解冻时土壤可落而植物留在原位，造成根系裸露，从而导致死亡。冻裂则是指树干的阳面受到阳光直射，温度升高，树干内部温度与表面温度相差很大，造成树体出现裂缝。树液活动后，出现伤流并产生感染，进而受害甚至死亡。毛白杨、椴、青杨等植物较易受冻裂害。

（3）温度与植物分布

在园林建设中，由于绿化的需要，经常要在不同地区间进行引种，但引种并不是随便的。如果把凤凰木、鸡蛋花、木棉等热带、亚热带植物引种到北方去，则会发生冻害，或冻死。而把碧桃、苹果等典型的北方植物引种到热带地区，则会生长不良，不能正常开花结实，甚至死亡。其主要原因是温度因子影响了植物的生长发育，从而限制了这些植物的分布范围。故而园林建设工作者必须了解各地区的植物种类，各植物的适宜生长范围及生长发育情况，才能做好园林的设计和建设工作。

受植物本身遗传特性的影响，不同植物对温度变化的幅度适应能力有很大差异。有的植物适应能力很强，能够在广阔的地域范围内分布，这类植物被称为"广温植物"；一些适应能力小，只能生活在较狭小的温度变化范围内的种类则被称为"狭温植物"。

从温度因子来讲，一般是通过查看当地的年平均温度来判断一种植物能否在一地区生长。但这种做法只能作为一个粗略的参考数字，比较可靠的办法是查看当地无霜期的长短、生长期日平均温度高低、当地变温出现时期及幅度大小、当地积温量、最热月和最冷月的月平均温度值、极端温度值及持续期等。这些相关温度极值对植物的自然分布都有着极大的影响。

2. 水分因子

水是园林植物进行光合作用的原料，也是养分进入植物的外部介质，同时也对植株体内物质代谢和运输起着重要的调配作用。园林植物吸收的水分大部分用于蒸腾作用，通过蒸腾拉力促进水分的吸收和运输，并有效调节体温，排出有害物质。

（1）园林植物的需水特性

①旱生植物。旱生植物是指能够长期忍受干旱并正常生长发育的植物类型，多见于雨量稀少的荒漠地区或干旱草原。根据其适应环境的生理和形态特性的不同，又可以分为两种情况。

A. 少浆或硬叶旱生植物。一般具有以下不同旱生形态结构。叶片面积小或退化变成刺毛状、针状或鳞片状，如柽柳等；表皮具有加厚角质层、蜡质层或绒毛，如驼绒藜等；叶片气孔下陷，气孔少，气孔内着生表皮毛，以减少水分的散失；体内水分缺失时叶片可卷曲、折叠；具有发达的根系，可以从较深的土层或较广的范围内吸收水分；具有极高的细胞渗透压，其叶失水后可以不萎凋变形，一般可以达到20~40个大气压，高的甚至可达80~100个大气压。

B. 多浆或肉质植物。这类植物的叶或茎具有发达的储水组织，并且茎叶一般具有厚的角质层、气孔下陷、数目不多等特性，能够减少水分蒸发，适应干旱的环境。依据储水组织所在部位，这类植物可以分为肉茎植物和肉叶植物两大类。肉茎植物具有粗壮多肉的茎，其叶则退化为叶刺以减少蒸发，如仙人掌科的大多数植物；肉叶植物则叶部肉质明显而茎部肉质化不明显，叶部可以储存大量水分，如景天科、百合科等的一些植物。

旱生植物形态和生理特点如下：

a. 气孔下陷或气孔数量较少。

b. 茎或叶具有发达的储水组织。

c. 根系不发达，为浅根系植物。

d. 细胞液的渗透压低，一般为5~7个大气压。

e. 茎或叶的表皮有厚角质层，表皮下有厚壁组织层，能够有效减少水分的蒸发。

②中生植物。大多数植物属于中生植物。此类植物不能忍受过干或过湿的水分条件。由于种类极多，其对水分的忍耐程度也具有很大差异。中生植物一般具有较为发达的根系和输导组织；叶片表面有一层角质层以保持水分。一些种类的生态习性偏于旱生植物，如油松、侧柏、酸枣等；另一些种类则偏向湿生植物的特征，如桑树、旱柳等。

③湿生植物。该类植物耐旱性弱，需要较高的空气湿度和土壤含水量，才能正常生长

发育。根据其对光线的需求情况又可分为喜光湿生植物和耐阴湿生植物两种。

喜光湿生植物为生长在阳光充足、土壤水分充足地区的湿生植物。例如生长在沼泽、河边湖岸等地的鸢尾、落羽杉、水松等。其根部有通气组织且分布较浅，没有根毛，木本植物通常会有板状根或膝状根。

耐阴湿生植物主要生长在光线不足、空气湿度较高的湿润环境中。这类植物的叶面积一般较大，组织柔嫩，机械组织不发达；栅栏组织不发达而海绵组织发达；根系分布较浅，较不发达，吸水能力较弱。如一些热带兰类、蕨类和凤梨科植物等。

④水生植物。生长在水中的植物称为水生植物，根据其生长形式又可以分为挺水植物、浮水植物和沉水植物三类。

挺水植物：挺水植物的根、部分茎生长在水里的底泥或底沙中，部分茎、叶则是挺出水面。大多分布在0~1.5 m的浅水中，有的种类生长在水边岸上。其生长于水中的根、茎等会具有通气组织等水生植物的特征，生长于水上的则具有陆生植物的特征。如芦苇、荸荠、水芹、荷花、香蒲等都属于此类。

浮水植物：浮水植物的叶片、花等漂浮于水面生长，其中萍蓬草、睡莲等植物的根生于水下泥中，叶和花漂浮于水面，属于半浮水型。而凤眼莲、满江红、浮萍、槐叶萍、菱、大藻等的整个植物体都漂浮于水面生长，属于全浮水植物。

沉水植物：沉水植物是指植物体完全沉没于水中的植物，根系不发达或退化，通气组织发达，叶片多为带状或丝状。如苦草、狐尾藻、金鱼藻、黑藻等均属于此类。

（2）其他形态水分对园林的影响

雪：降雪会增加土壤的水分含量，同时，较厚的雪层还能够防止土温过低，避免冻层过深，从而有利于植物越冬。但如果雪量过大，积雪压在植物顶部，也会引起植物茎秆折断等伤害。

冰雹：我国冰雹大多出现在4—10月，其较大的冲击力和降温往往会对园林植物造成不同程度的损害。

雨凇和雾凇：会在植物枝条上形成冻壳，严重时，厚的冻壳会造成树枝的折断。

雾：能够影响光照，同时也会增加空气湿度，一般来讲对园林植物的生长是有利的。

（3）园林植物不同生育期对水分要求的变化

园林植物不同生育期对水分需要量也不同。种子萌发时，需要充足的水分，以利种皮软化，胚根伸出；幼苗期根系在土壤中分布较浅，且较弱小，吸收能力差，抗旱力较弱，故而必须保持土壤湿润。但水分过多，幼苗在地上长势过旺，易形成徒长苗。生产中园林植物育苗常适当蹲苗，以控制土壤水分，促进根系下扎，增强幼苗抗逆能力。大多数园林植物旺盛生长期均需要充足的水分。如果水分不足，容易出现萎蔫现象。但如果水分过多，也会造成根系代谢受阻，吸水能力降低，导致叶片发黄，植株也会形成类似干旱的症状。园林植物开花结果期，通常要求较低的空气湿度和较高的土壤含水量。一方面较低的空气温度可以适应开花与传粉，另一方面充足的水分又有利于果实的生长和发育。

3. 光照因子

光照是园林植物生长发育的重要环境条件。光照强度、光质和日照时间长短都会影响植物的光合作用，从而制约着植物的生长发育、产量和品质。

（1）光照强度

光照强度随着地理位置、地势高低、云量等的不同而有所变化。一年之中以夏季光照最强，冬季光照最弱；一天之中以中午光照最强。不同园林植物对光照强度的要求是不一样的，据此可将园林植物分为以下几类：

①喜光植物，又称阳生植物

这类园林植物需要在较强的光照下才能生长良好，不能忍受荫蔽环境。如桃、李、杏、枣等绝大多数落叶树木；多数露地一二年生花卉及宿根花卉；仙人掌科、景天科和番杏科等多浆植物等。

②耐阴植物，又称阴生植物

这类植物不能忍受强烈的直射光线，在适度荫蔽下才能生长良好，主要为草本植物。如蕨类植物、兰科、凤梨科、姜科、天南星科植物等均为耐阴植物。

③中性植物，又称中生植物

这类植物对光照强度的要求介于上述两者之间，通常喜欢在充足的阳光下生长，但有不同程度的耐阴能力。由于耐阴能力的不同，中性植物中又有偏喜光和偏阴性的种类之分。

（2）光质

光质是指具有不同波长的太阳光谱成分。其中波长为380~770 nm的光是可见光，即人眼能见到的范围，也是对植物最重要的光质部分。但波长小于380 nm的紫外线部分和波长大于770 nm的红外线部分对植物也有作用。植物在全光范围内生长良好，但其中不同波长段的光对植物的作用是不同的。植物同化作用吸收最多的是红光，有利于植物叶绿素的形成、促进二氧化碳的分解和碳水化合物的合成。其次为蓝紫光，其同化效率仅为红光的14%，能够促进蛋白质和有机酸的合成。红光能够加速长日植物的发育，而蓝紫光则加速短日植物发育。蓝紫光和紫外线还能抑制植物茎节间的伸长，促进多发侧枝和芽的分化，有助于花色素和维生素的合成。

（3）日照时间长短

按照园林植物对日照长短的反应的不同，分类如下：

长日照植物：只有当日照长度超过其临界日长时数才能形成花芽，否则不能形成花芽，只停留在营养生长阶段或延迟开花的植物，如羽衣甘蓝等。

短日照植物：只有当日照长度短于其临界日长时才能形成花芽、开花的植物。在长日照下则只进行营养生长而不能开花，如菊花、一串红、绣球花等。它们大多在秋季短日照下开花结实。

中日照植物：只有在昼夜时数基本相等时才能开花的植物。

中间性植物：对每天日照时数要求不严，在长短不同的日照环境中均能正常孕蕾开花，如矮牵牛、香石竹、大丽花等。

植物对日照长度的不同反应，是植物在长期的发育中对土壤适应的结果。长日照植物多起源于高纬度地区，而短日照植物则多起源于低纬度地区。同时，日照长度也会对植物的营养生长产生影响。在植物的临界长度范围内，延长光照时数，会促进植物的营养生长或延长其生长期；而缩短光照时数，则能够促进植物休眠或缩短生长期。在园林植物的南种北引过程中，就可以通过缩短光照时数的方式让植物提前进入休眠而提高其抗寒性。

4. 空气因子

（1）主要影响成分

①二氧化碳

二氧化碳是园林植物进行光合作用的原料，当空气中的二氧化碳浓度增加到一定程度后，植物的光合速率不会再随着二氧化碳浓度的增加而提高，此时的二氧化碳浓度称为二氧化碳饱和点。空气中二氧化碳的浓度一般在 $300\sim330$ mg/L，生理实验表明，这个浓度远远低于大多数植物的二氧化碳饱和点，仍然是植物光合作用的限制因子。因此，对于温室植物，施用气体肥料，增加二氧化碳浓度，能够显著提高植物的光合效率，还有提高某些雌雄异花植物雌花分化率的作用。

②氧气

氧气是园林植物进行呼吸作用不可缺少的，但空气中氧气含量基本不变，对植物地上部分的生长不构成限制。能够起到限制作用的主要是植物根部的呼吸，及水生植物尤其是沉水植物的呼吸作用，其主要依靠土壤和水中的氧气。栽培中经常进行中耕以避免土壤的板结，以及多施用有机肥来改善土壤物理性质，加强土壤通气性等措施，以保证土壤氧气量。

③氮气

虽然空气中的氮含量高达78%，但高等植物却不能直接利用它，只有一些固氮微生物和蓝绿藻可以吸收和固定空气中的氮。而一些园林植物与根瘤菌共生从而有了固氮能力，如每公顷紫花苜蓿一年可固氮200 kg以上。

（2）常见空气污染物质

①二氧化硫

二氧化硫是大气主要污染物之一，燃煤燃油的过程均可能产生二氧化硫。二氧化硫气体进入植物叶片后遇水形成亚硫酸，并逐渐氧化形成硫酸。当达到一定量后，叶片会失绿，严重的会焦枯死亡。

②光化学烟雾、汽车、工厂等污染源排入大气的碳氢化合物和氮氧化物等

一次污染物在紫外线作用下发生光化学反应生成二次污染物，主要有臭氧、三氧化硫、乙醛等。参与光化学反应过程的一次污染物和二次污染物的混合物所形成的烟雾污染现象，称为光化学烟雾。因此，光化学烟雾成分比较复杂，但以臭氧的量最大，占比达到90%。

③氯及氯化氢

塑料工业生产排放的气体中，会形成氯及氯化氢污染物。

④氟化物

氟化物对植物的毒性很强，某些植物在含氟 1×10^{-12} 的空气中暴露数周即可受害，短时间暴露在高氟空气中可引起急性伤害。氟能够直接侵蚀植物体敏感组织，造成酸损伤；一部分氟还能够参与机体某些酶的反应，影响或抑制酶的活力，造成机体代谢紊乱，影响糖代谢和蛋白质合成，并阻碍植物的光合作用和呼吸功能。植物受氟害的典型症状是叶尖和叶缘坏死，并向全叶和茎部发展。幼嫩叶片最易受氟化物的危害。另外，氟化物还会对花粉管伸长有抑制作用，影响植物的生长发育。空气中的氟化氢浓度如果达到0.005 mg/L，就能在7~10天内使葡萄、樱桃等植物受害。

（3）风对园林植物的影响

空气的流动形成风，低速的风对园林植物是有利的，而高速的风则会对园林植物产生危害。风对园林植物有利的方面主要是有助于风媒花的传粉，也有利于部分园林植物果实和种子的传播。

风对园林植物不利的方面包括对植物生理和机械的损伤。风会促进植物的蒸腾作用，加速水分的散失，尤其是生长季的干旱风。风速较大的台风、飓风会折断树木枝干，甚至整株拔起。抗风力强的植物包括马尾松、黑松、榉树、胡桃、樱桃、枣树、葡萄、朴、栗、樟等；抗风力中等的包括侧柏、龙柏、杉木、柳杉、楝、枫杨、银杏、重阳木、柿、

桃、杏、合欢、紫薇等；抗风力弱的包括雪松、木棉、悬铃木、梧桐、钻天杨、泡桐、刺槐、枇杷等。

5. 土壤因子

（1）依土壤酸碱度分类的植物类型

土壤酸碱性受成土母岩、气候、土壤成分、地形地势、地下水、植被等多种因素的影响。如果成土母岩为花岗岩则土壤是酸性土，母岩为石灰岩则土壤为碱性土；气候干燥炎热则中碱性土壤多，气候潮湿多雨则酸性土壤多；地下水富含石灰质则土壤多为碱性土。同一地区不同深度、不同季节的土壤酸碱度也会有所差异，长期施用某些肥料也能够改变土壤的酸碱度。依照植物对土壤酸碱度要求的不同，植物可以分为三类。

酸性土植物：在 pH 值小于 6.5 的酸性土壤中生长最好的植物称为酸性土植物。如杜鹃花、马尾松、油桐、山茶、栀子花、红松等。

中性土植物：在 pH 值为 6.5~7.5 的中性土壤中生长最好的植物称为中性土植物。园林植物中的大多数均属于此类。

碱性土植物：在 pH 值大于 7.5 的碱性土壤中生长最好的植物称为碱性土植物。如柽柳、紫穗槐、红柳、沙枣、沙棘等。

（2）依土壤含盐量分类的植物类型

在我国沿海地区和西北内陆干旱地区的内陆湖附近，都有相当面积的盐碱化土壤。氯化钠、硫酸钠含量较多的土壤，称为盐土，其酸碱性为中性；碳酸钠、碳酸氢钠较多的土壤，称为碱土，其酸碱性呈碱性。实际上，土壤往往同时含有上述几种盐，故称为盐碱土。根据植物在盐碱土中的生长情况，将植物分为四种类型。

喜盐植物：普通植物在土壤含盐量达到 0.6% 时即生长不良，喜盐植物却能够在氯化钠含量达到 1%，甚至超过 6% 的土壤中生长。它们可以吸收大量可溶性盐积聚体内，细胞的渗透压高达 40~100 个大气压。它们对土壤的高含盐量不仅能够耐受了，而且已经变成了一种需要。如旱生的喜盐植物乌苏里碱蓬、黑果枸杞、梭梭，湿生的喜盐植物盐蓬等。

抗盐植物：抗盐植物的根细胞膜对盐类透性很小，很少吸收土壤中的盐类，其体内含有较多的有机酸、氨基酸和糖类而形成较高的渗透压以保证水分的吸收。如田菁、盐地风毛菊等。

耐盐植物：耐盐植物从土壤中吸收盐分，但不在体内积累，而是通过茎叶上的盐腺将多余的盐排出体外。如柽柳、二色补血草、红树等。

碱土植物：能够在 pH 值达到 8.5 以上的土壤中生长的植物类型，如一些藜科、苋科的植物。

（3）其他植物分类类型

按照植物对土壤深厚、肥沃程度需要，可分为喜肥植物，如梧桐、核桃；一般植物和瘠土植物，如牡荆、酸枣、小檗、锦鸡儿、小叶鼠李等。

荒漠绿化中还经常用到能够耐干旱贫瘠、耐沙埋、耐日晒、耐寒热剧变、易生根生芽的沙生植物等。

6. 地势地形因子

地势地形能够改变光、温、水、热等在地面上的分配，从而影响园林植物生长发育。

（1）海拔高度

海拔高度由低至高，温度渐低，光照渐强，紫外线含量渐增，会影响植物的生长和分布。海拔每升高 100m，气温就下降 0.6~0.8℃，光强平均增加 4.5%，紫外线增加 3%~4%，降水量与相对湿度也发生相应变化。同时，由于温度下降、湿度上升，土壤有机质分解渐缓，淋溶和灰化作用加强，土壤 pH 值也会逐渐降低。对同种植物而言，从低海拔到高海拔处，往往表现出高度变低、节间变短、叶变密等变化。从低海拔处到高海拔处，植物会形成不同的植物分布带，从热带雨林带、阔叶常绿植物带、阔叶落叶植物带过渡到针叶树带、灌木带、高山草原带、高山冻原带，直至雪线。

（2）坡度坡向

坡度主要通过影响太阳辐射的接受量、水分再分配及土壤的水热状况，对园林植物生长发育产生不同程度的影响。一般认为 5°~20° 的斜坡是发展园林植物的良好坡地。坡向不同，接受太阳辐射量不同，其光、热、水条件有明显差异，因而对园林植物生长发育有不同的影响。在北半球南向坡接受的太阳辐射最大，光热条件好，水分蒸发量也大，北坡最少，东坡与西坡介于两者之间。在北方地区，由于降水量少，而造成北坡可以生长乔木，植被繁茂。南坡水分条件差，仅能生长一些耐旱的灌木和草本植物。南方地区的降雨量大，南坡水分条件亦良好，故而南坡植物会更繁茂。

（3）地形

地形是指所涉及地块纵剖面的形态，具有直、凹、凸及阶形坡等不同的类型。地形不同，所在地块光、温、湿度等条件各异。如低凹地块，冬春夜间冷空气下沉，积聚，易形成冷气潮或霜眼，造成较平地更易受晚霜危害。

7. 生物因子

园林植物不是孤立存在的，在其生存环境中，还存在许许多多其他生物，这些生物便构成了生物因子。它们均会或大或小、或直接或间接地影响园林植物的生长和发育。

（1）动物

动物与园林植物的生存有着密切的联系，它们可以改变植物生存的土壤条件，取食损害植物叶和芽，影响植物的传粉、种子传播等。在一些地方，由于蚯蚓的活动，将土壤内的营养物质运到地表土壤，这显著地改善了土壤的肥力，增加了钙质，从而影响着植物的生长。很多鸟类对散布种子有利，蝴蝶、蜜蜂是某些植物的主要媒介。也有些土壤中的动物以及地面上的昆虫会对植物的生长有一些的不利影响。

（2）植物

植物间的相互关系对共同生长的植物来说，可能对一方或相互有利，也可能对一方或相互有害。植物间的相互关系根据作用方式、机制的不同分为直接关系和间接关系。

①直接关系：植物之间直接通过接触来实现的相互关系，在林内有以下表现：

树冠摩擦：主要指针阔叶树混交林中，由于阔叶树枝较长又具有弹性，受风作用便与针叶树冠产生摩擦，使针叶、芽、幼枝等受到损害又难以恢复。林下更新的针叶幼树经过幼年缓慢生长阶段后，穿过阔叶林冠层时，比较容易发生树冠摩擦导致更替过程的推迟。

树干机械挤压：指林内两棵树干部分地紧密接触互相挤压的现象。天然林内较多见这种现象，人工林内一般没有，树木受风或动物碰撞产生倾斜时才会出现。树干挤压能损害形成层。随着林木双方的进一步发育，便互相连接，长成一体。

附生关系：某些苔藓、地衣、蕨类以及其他高等植物，借助吸根着生于树干、枝、茎以及树叶上进行生活，称为附生。生理关系上与依附的林木没有联系或很少联系。温带、寒带林内附生植物主要是苔藓、地衣和蕨类，热带林内附生植物种类繁多，以蕨类、兰科植物为主。它们一般对附主影响不大，少数有害。如热带森林中的绞杀榕等，可以缠绕附主树干，最后将附主绞杀致死。

攀缘植物：攀缘植物利用树干作为它的机械支柱，从而获得更多的光照。攀缘植物与所攀缘的树木间没有营养关系，但对树木有如下不利影响：机械缠绕会使被攀缘植物输导营养物质受阻或使其树干变形；由于树冠受攀缘植物缠绕，削弱被攀缘植物的同化过程，影响其正常生长。

植物共生现象对双方均有利，例如豆科植物与根瘤菌。

②间接关系：间接关系是指相互分离的个体通过与生态环境的关系所产生的相互影响。竞争：竞争是指植物间为利用环境的能量和资源而发生的相互关系，这种关系主要发生在营养空间不足时。

改变环境条件：植物间通过改变环境因子，如小气候、土壤肥力、水分条件等间接相互影响的关系。

生物化学的影响：植物根、茎、叶等释放出的化学物质对其他植物的生长和发育产生抑制和对抗作用或者某些有益作用。

（二）植物群落

植物群落是指在环境相对均一的地段内，有规律地共同生活在一起的各种植物种类的组合。它具有一定的结构和外貌，一定的种类组成和种间的数量比例，一定的环境条件执行着一定的功能。其中，植物与植物、植物与环境之间存在密切的相互关系，是环境选择的结果。在空间上占有一定的分布区域，在时间上是整个植被发育过程中的某一阶段。

植物群落是绿地的基本构成单位，科学合理的植物群落结构是绿地稳定、高效和健康发展的基础，是城市绿地系统生态功能的基础和绿地景观丰富度的前提。在城市中恢复、再造近自然植物群落，这有着生态学、社会学和经济学上的重要意义。

首先，群落化种植可以提高叶面积指数，更好地增加绿量，起到改善城市环境的作用；其次，植物群落物种丰富，对生物多样性保护和维护城市生态平衡等方面意义重大；再次，模拟自然植物群落、开展城市自然群落的建植研究以及建立生态与景观相协调的近自然植物群落，能够扩大城市视觉资源，创造清新、自然、淳朴的城市园林风光，创造优良的人居环境；最后，植物群落可降低绿地养护成本，且节水、节能，从而更好地实现绿地经济效益，这对提高城市绿地质量具有重要的现实意义。

建立一个合理的园林植物群落不是简单地将乔、灌、藤本、地被组合，而应该从自然界或城市原有的、较稳定的植物群落中去寻找生长健康、稳定的植物组合，在此基础上结合生态学与园林美学原理建立适合城市生态系统的人工植物群落。人工模拟的自然群落类型如下：

1. 模拟岩生植物群落

依照自然山石的位置，选择地面上堆置石块，并根据岩石的不同类型，在岩石间种植适宜的岩生植物。如石灰岩主要由碳酸钙组成，属钙质岩类风化物。风化过程中，碳酸钙可受酸性水溶解，大量随水流失，土壤中缺乏磷和钾，多具石灰质，呈中性或碱性反应。土壤黏实，易干，宜喜钙耐旱植物生长。

可选择的植物有：菊科、石竹科、鸢尾科、金丝桃科、景天科、蔷薇科和十字花科中低矮、叶丛或花朵美丽的灌木和草花以及耐干旱、瘠薄土壤的肉质多浆植物等。阴坡则可以选择苔藓、附生蕨类及景天科、苦苣苔科、秋海棠科、兰科等植物。

2. 模拟高山植物群落

生长在高山上的植物，一般体积矮小，茎叶多毛，有的还匍匐生长或者像垫子一样铺在地上，成为所谓的"垫状植物"。"垫状植物"是植物适应高山环境的典型形状之一。

一团团垫状体就好像一个个运动器械中的铁饼，散落在高山的坡地之上。流线形（或铁饼状）的外表和贴地生长特性，能抵御大风的吹刮和冷风的侵袭。另外，它生长缓慢、叶子细小，可以减少蒸腾作用而节省对水分的消耗，以适应高山缺水的恶劣环境。一些直立乔木由于受到大风经常性的吹袭而形成旗形树冠，有时主干也常年被吹成沿风向平行生长，形成扁化现象。

可选择的植物有：草类如蒿草、羊茅、发草、剪股颖、珠芽蓼、马先蒿、堇菜、毛茛属、黄芪属、问荆等，小灌木如柳丛、仙女木、乌饭树等，下层常伴生藓类，形成植被的基层。另外，杜鹃、报春和龙胆是高山花卉的典型代表植物。

3. 模拟热带雨林群落

热带雨林中植物种类繁多，具有多层结构。参天的大树、缠绕的藤萝、繁茂的花草交织成一座座绿色迷宫。其中老茎生花、木质大藤本、附生植物是热带雨林特有的现象。

可选择的植物有：用于老茎生花的植物如波罗蜜、可可、番木瓜、杨桃、水冬哥、大果榕等；大藤本如风车藤、扁担藤、翼核果藤、白背瓜馥木、麒麟尾、龟背竹、香港崖角藤、鸡血藤、紫藤、使君子、炮仗花、西番莲、禾雀花、常春油麻藤等；具有板根的如木棉、高山榕等；大叶植物如棕榈科中的大王椰子、枣椰子、长叶刺葵、假槟榔、穗花轴榈等；附生植物如蜈蚣藤、石蒲藤、岩姜、巢蕨、气生兰、凤梨科一些植物、麒麟尾等。

4. 模拟水生植物群落

水生植物群落能够给人一种清新、舒畅的感觉，它不仅可以观叶、品姿、赏花，还能欣赏映照在水中的倒影，令人浮想联翩。另外，水生植物也是营造野趣的上好材料，在河岸密植芦苇林、大片的香蒲、慈姑、水葱、浮萍定能使水景野趣盎然。

可选择的植物有：挺水类如荷花、千屈菜、水葱、菖蒲、鸢尾、香蒲、慈姑、泽泻、梭鱼草、灯芯草、鱼腥草等；浮水类如睡莲、王莲、芡实、萍蓬草、水罂粟、菱等；漂浮类如凤眼莲、大漂、萍、水鳖等；沉水类如金鱼藻、菹草、浮叶眼子菜、角果藻等。

5. 模拟湿生植物群落

湿生植物生活在阳光充足、土壤水分饱和的沼泽地区或湖边。如莎草科、蓼科和十字花科的一些种类，它们根系不发达，没有根毛，但根与茎之间有通气的组织，以保证取得充足的氧气。这类植物的根常没于浅水中或湿透了的土壤中，常见于沼泽、河滩、山谷等地，抗旱能力差，水分缺乏就将影响生长发育以致萎蔫。由于长期适应水分充沛的环境，蒸腾强度大，叶片两面均有气孔分布。

可选择的植物有：木本的有落羽松、池杉、水松、红树、垂柳、丝棉木、榕属等；草本的有水葱、菖蒲、灯芯草、石菖蒲、旱伞草、纸莎草、香蒲、红叶芦荻、细叶芒、玉带草、三白草、花叶鱼腥草、水翁、千屈菜、黄花鸢尾、驴蹄草等。

6. 模拟旱生植物群落

能较长期在严重缺水地区生长的耐旱植物，称为旱生植物。它们有发达的旱生形态与旱生生理适应，可在不易获得水分的环境（如沙漠、岩石表面、冻土、酸沼或盐渍化土壤）中生长。

可选择的植物有：肉质植物有仙人掌、景天等；硬叶植物有夹竹桃、羽茅等；小叶或无叶植物如麻黄、梭梭等。另外，我国雪松、旱柳、榆、朴、柏木、侧柏、槐、黄连木、君迁子、合欢等都很抗旱，是旱生景观造景的良好树种。

（三）园林植物的美学特性

1. 色彩美

人们视觉对色彩尤为敏感，从美学的角度讲，园林植物的色彩在园林上应是第一性的，其次才是园林植物的形体、线条等其他特征。园林植物的各个部分如花、果、叶、枝干和树皮等，都有不同的色彩，并且随着季节和年龄的变化而绚丽多彩、万紫千红。

（1）叶色美

叶色决定了植物色彩的类型和基调。植物的叶色变化丰富，早春的新绿，夏季的浓绿，秋季的红黄叶和果实交替，这种物候态景观规律的色彩美，观赏价值极高，能达到引起人们美好情思的审美境界。根据叶色变化的特点可将园林植物分为以下六类。

①绿色叶类。绿色是园林植物的基本叶色，有嫩绿、浅绿、鲜绿、浓绿、黄绿、蓝绿、墨绿、暗绿等差别，将不同深浅绿色的园林植物搭配在一起，同样能够产生特定的园林美学效果，给人以不同的园林美学感受，如在暗绿色针叶树丛前栽植黄绿色树冠，会形成满树黄花的效果。叶色呈深浓绿色类的有雪松、油松、侧柏、圆柏、云杉、毛白杨、槐、女贞、榕、桂花、构树、山茶等。叶色呈浅淡绿色类的有七叶树、落羽松、金钱松、水杉、玉兰、鹅掌楸等。

②春色叶类及新叶有色类。园林植物的叶色常随季节的不同而发生变化，对春季新发生的嫩叶有显著不同叶色的统称为"春色叶树"，如臭椿、五角枫的春叶呈红色。在南方热带、亚热带地区，一些园林植物年多次萌发新叶，长出的新叶有美丽色彩如开花效果的种类称为新叶有色类，如杧果、无忧花、铁刀木等。

③秋色叶类。秋色叶类植物其叶片在秋季发生显著变化，并且能保持一定时间的观赏期。秋季叶色的变化体现出独特的秋色美景，在园林植物的色彩美学中具有重要地位。秋季呈红色或紫红色类的树种，如鸡爪槭、茶条槭、五角枫、枫香、小檗类、地锦、樱花、

柿、盐肤木、卫矛、山楂、花楸、黄连木、黄栌、乌桕、南天竹、石楠、红榉等。秋叶呈黄色或黄褐色类的树种如银杏、加拿大杨、白蜡、栾树、水杉、落叶松、悬铃木、梧桐、鹅掌楸、榆、白桦、金钱松、柳、复叶槭、紫荆、无患子、胡桃等。

④常色叶类。常色叶类植物其叶片一年不分春秋季节而呈现一种不同于绿色的其他单一颜色，以红色、紫色和黄色为主。全年呈红色或紫色类如紫叶李、紫叶桃、红枫、紫叶小檗、紫叶欧洲梅、红花檵木等。全年均为黄色类有金叶雪松、金叶圆柏、金叶鸡爪槭、黄金榕、金叶女贞、黄叶假连翘等。

⑤双色叶类。双色叶类植物其叶背与叶表的颜色显著不同，如银白杨、红背桂、胡颓子、栓皮栎、翻白叶树等。

⑥斑色叶类。斑色叶类植物的叶上具有两种以上颜色，以其中一种颜色为底色，叶上有斑点或花纹，如金边或金心大叶黄杨、桃叶珊瑚、花叶榕、变叶木、花叶橡皮树、花叶络石、花叶鹅掌柴、洒金珊瑚等。

（2）花色美

花朵是色彩的来源，花朵五彩缤纷、姹紫嫣红的颜色最易吸引人们的视线，使人心情愉悦，感悟生命的美丽。花朵既能反映大自然的天然美，又能反映出人类匠心的艺术美。以观花为主的树种在园林中常作为主景，在园林植物栽植时可选择不同季节开花、不同花色的植物搭配在一起，形成四时景观，表现丰富多样的季节变化。此外，还可以建立专类园如春日桃园、夏日牡丹园、秋日桂花园、冬日梅园等。

花朵的基本颜色可分为以下五种类型：

①红色花系

如桃花、梅花、牡丹、月季、山茶、杜鹃、刺桐、凤凰木、木棉等。

②橙黄、橙红色花系

如丹桂、鹅掌楸、洋金凤、翼叶老鸦嘴、杏黄龙船花等。

③紫色、紫红色花系

如紫红玉兰、紫荆、泡桐、大叶紫薇、红花羊蹄甲、紫藤等。

④黄色、黄绿色花系

如黄槐、栾树、蜡梅、鸡蛋花、无患子、腊肠树、黄素馨等。

⑤白色、淡绿色花系

如广玉兰、槐树、龙爪槐、珍珠梅、栀子、白千层、珙桐等。

（3）果色美

果实的颜色有着很大的观赏意义，尤其是在秋季，硕果累累的丰收景色充分显示了果实的色彩效果，正如苏轼的词"一年好景君须记，正是橙黄橘绿时"描绘的果实成熟时的喜庆景色。

果实常见的色彩有以下五种类型：

①红色类

如樱桃、山楂、郁李、金银木、枸骨、橘、柿、石榴、花楸、冬青、火棘、平枝枸子、桃叶珊瑚、小檗类、南天竹、珊瑚树、洋蒲桃等。

②黄色类

如银杏、梅、杏、柚、梨、木瓜、甜橙、贴梗海棠、金柑、佛手、瓶兰花、南蛇藤、假连翘、沙棘、蒲桃等。

③蓝色类

如桂花、李、忍冬、葡萄、紫珠、十大功劳、白檀等。

④黑色类

如女贞、小蜡、小叶女贞、五加、鼠李、金银花、常春藤、君迁子、黑果忍冬等。

⑤白色类

如红瑞木、芫花、雪果、花楸等。

（4）枝干皮色美

树木的枝条，除了因其生长习性而直接影响树形外，它的颜色亦具有一定的观赏价值。尤其是当深秋叶落后，枝的颜色更为显眼。对于枝条具有美丽色彩的树木，特称其为观枝树种。常见观赏红色枝条的有野蔷薇、红茎木、红瑞木、杏、山杏等；可赏古铜色枝的有李、山桃、梅等；冬季观赏青翠碧绿色彩时则可种植梧桐、棣棠与青榨槭等。

树干的皮色对美化栽植起着很大的作用，可产生极好的美化效果。干皮的颜色主要有以下七种类型：

一般树种常呈灰褐色；暗紫色，如紫竹；红褐色，如杉木、赤松、马尾松、尾叶桉；黄色，如金竹、黄桦；绿色，如梧桐、三药槟榔；斑驳色彩，如黄金间碧竹、碧玉间黄金竹、木瓜；白或灰色，如白桦、毛白杨、白皮松、朴树、悬铃木、山茶、柠檬桉。

2. 姿态美

园林植物种类繁多，姿态各异，有大小、高低、轻重等感觉，通过外形轮廓，干枝、叶、花果的形状、质感等特征综合体现。不同姿态的植物经过配合可产生层次美、韵律美。且它会随着生长发育过程呈现出规律性的变化而表现出不同的姿态美感。

（1）树冠

园林植物种类不同，其树冠形体各异，同一植株树种在不同的年龄发育阶段树冠形体也不一样。园林植物自然树冠形体归纳起来主要有以下几种类型：

①尖塔形

树木的顶端优势明显，主干生长旺盛，树冠剖面基本以树干为中心，左右对称，整体形态如尖塔形，如雪松、水杉等。

②圆柱形

树木的顶端优势仍然明显，主干生长旺盛，但是树冠基部与顶部都不开展，树冠上部和下部直径相差不大，树冠冠长远大于树冠冠径，整体形态如圆柱形，如塔柏、钻天杨、杜松等。

③卵圆形

树木的树形构成以弧线为主，给人以优美、圆润、柔和、生动的感受，如加拿大杨、榆树、香樟、梅花、樱花、石楠等。

④垂枝形

树木形体的基本特征是有明显的悬垂或下弯的细长枝条，给人以柔和、飘逸、优雅的感受，如垂柳、垂枝桃等。

⑤棕榈形

树木叶集中生于树干顶部，树干直而圆润，给人以挺拔、秀丽的感受，具有独特的南国风光特色，如棕榈、椰子树、蒲葵等。

（2）枝干

园林植物枝干的曲直姿态和斑驳的树皮具有特殊的观赏效果。

①枝干形态

园林植物树干形态主要有以下几类：

直立形：其树干挺直，表现出雄健的特色，如松类、柏类、棕榈科乔木类树种。

并丛形：其两条以上树干从基部或接近基部处平行向上伸展，有丛茂情调。

连理形：在热带地区的树木，常出现两株或两株以上树木的主干或顶端互相愈合的连理干枝，但在北方则须由人工嫁接而成。

盘结形：由人工将树木的枝、干、蔓等加以屈曲盘结而成图案化的境地，具有苍老与优美的情调。

偃卧形：树干沿着近乎水平的方向伸展，由于在自然界中这一形式往往存在于悬崖或水体的岸畔，故有悬崖式与临水式之称，都具有奇突与惊险的意味。

②树皮形态

根据树皮的外形，大概可分为以下几种类型：

光滑树皮：表面平滑无裂，如柠檬桉、胡桃幼树。

片裂树皮：表面呈不规则的片状剥落，如白皮松、悬铃木、毛桉、白千层等。

丝裂树皮：表面呈纵而薄的丝状脱落，如青年期的柏类、悬铃木。

纵裂树皮：表面呈不规则的纵条状或近于人字状的浅裂，多数树种均属于此类。

纵沟树皮：表面纵裂较深呈纵条或近于人字状的深沟，如老年的胡桃、板栗；长方裂纹树皮，表面呈长方形之裂纹，如柿、君迁子、塞楝等。

（3）树叶

园林植物的叶片具有极其丰富多彩的形貌，其形态变化万千、大小相差悬殊，能够使人获得不同的心理感受。

园林植物根据叶形分为以下四种：

针叶树类：叶片狭窄、细长，具有细碎、强劲的感觉，如松科、杉科等多数裸子植物。

小型叶类：叶片较小，长度大大超过叶片宽度或等宽，具有紧密、厚实、强劲的感觉，部分叶片较小的阔叶树种属于此类，如柳叶榕、瓜子黄杨、福建茶等。

中型叶类：叶片宽阔，叶片大小介于小型叶类和大型叶类之间，形状各异，是园林树木中最主要的叶形，多数阔叶树种属于此类，使人产生丰富、圆润、朴素、适度的感觉。

大型叶类：叶片巨大，但是叶片数量不多，大型叶类以具有大中型羽状或掌状开裂叶片的树种为主，如苏铁科、棕榈科、芭蕉科树种等。

（4）花

园林植物的花朵形状和大小各不相同，花序的排聚各式各样，在枝条着生的位置与方式也不一样，在树冠上表现出不同的形貌，即花相。

园林植物花相包括以下三种类型：

外生花相：花或花序着生在枝头顶端，集中于树冠表层，花朵开放时，盛极一时，气势壮观，如泡桐、紫薇、夹竹桃、山茶、紫藤等。

内生花相：花或花序着生在树冠内部，树体外部花朵的整体观感不够强烈，如含笑、桂花、白兰花等。

均匀花相：花或花序在树冠各部分均匀分布，树体外部花朵的整体观感均匀和谐，如蜡梅、桃花、樱花等。

（5）果实

园林植物果实形体的观赏体现在"奇、巨、丰"三个方面：

"奇"：指果实形状奇特有趣，如佛手果实的形状似"人手"，腊肠树的果实如香肠等；有的果实富有诗意，如红豆树，王维诗云："红豆生南国，春来发几枝？愿君多采撷，此物最相思。"

"巨"：指单个果实形体巨大，如椰子、柚子、木瓜、木菠萝等；还有一些果实体虽小却果形鲜艳，果穗较大，如金银木、接骨木等。

"丰"：是从植物整体而言，硕果累累，果实数量多，如葡萄、火棘。

（6）根

园林植物裸露的根部也有一定的观赏价值。一般而言，植物达到老年期以后，均可或多或少地表现出露根美。在这方面效果突出的树种有榕属树种、松、梅、蜡梅、银杏、广玉兰、榆、朴、山茶等。特别在热带、亚热带地区，有些树有巨大的板根、气生根，很有气魄，如桑科榕属植物具有独特的气生根，可以形成极为壮观的独木成林、绵延如索的景象。

3. 芳香美

一些园林植物具有芳香，主要体现在花香方面，每当花开时节，便会芳香四溢，给人们美的感受。花香既能沁人心脾，还能招蜂引蝶，吸引众多鸟类，可实现鸟语花香的理想景观效果。有的鲜香使人神清气爽，轻松无虑。即使是新鲜的叶香、果香和草香，也可使人心旷神怡。在园林中，许多国家建有"芳香园"，我国古典园林中有"远香堂""闻木樨香轩""冷香亭"，现代园林中有的城市建有"香花园""桂花园"等，这些园林都以欣赏花香为目的。

一些芳香植物还可利用散发的芳香素调节人的心理、生理机能，改变人的精神状态，并有杀菌驱虫、净化空气、增强人的免疫力、消除疲劳、增强记忆力等功效。例如：松柏、植类植物能有效增加空气中的负离子；鼠尾草散发的香气能滋养大脑，被誉为"思考者之茶"；紫茉莉分泌出的气体可杀死白喉杆菌、结核菌、痢疾杆菌，是绿色、无污染的天然杀菌剂；米兰可吸收空气中的一氧化硫；桂花、蜡梅可吸收汞蒸气；丁香、紫茉莉、含笑等植物对二氧化硫、氟化氢、氯气具有吸收能力，且具有吸收光化学烟雾、防尘降噪的功能；薄荷、罗勒、茴香、薰衣草、灵香草分泌的特殊香味能驱避蚊蝇、昆虫，成为无毒、无污染、无残留的高效的天然驱蚊（虫）灵。

4. 动感美

园林植物随季节和植物年龄的变化而丰富多彩，让人们感受到植物的动态变化和生命的节奏，这些都是园林植物"动态美"的园林美学价值体现。

园林植物随季节有以下四相：

春英：春英者，谓叶绽而花繁也。

夏荫：夏荫者，谓叶密而茂盛也。

秋毛：秋毛者，谓叶疏而飘零也。

冬骨：冬骨者，谓枝枯而叶槁也。

早春树新叶展露、繁花竞放，使人身心愉悦；夏季群树葱茏，洒下片片绿荫，使人清凉舒爽；秋季硕果累累，霜叶绚丽，让人感到充实喜悦；冬季枝干裸露，则显得苍劲凄美。这种动态变化使人们间接感受到了四季的更替，时光的变迁，领略到大自然的变化无穷和生命的可贵。

此外，园林植物枝叶受风、雨、光、水的作用会发声、反射及产生倒影等而加强气氛，令人遐想，引人入胜，给人以动感美。如因风的作用，柳枝摇曳多姿，婀娜妩媚、柔情似水；"风敲翠竹"如莺歌燕语，鸣金戛玉；"白杨萧萧"，悲哀惨淡，催人泪下；而"松涛阵阵"则气势磅礴，雄壮有力，如万马奔腾，具排山倒海之势；"夜雨芭蕉"则如自然界的交响乐，清脆悦耳，轻松愉快。当阳光照射在排列整齐、叶面光亮的植物上时，会有一种反光效果，使景物更辉煌；而阳光透过树林洒下斑驳的光影，一阵风过，光影摇曳，则如梦似幻。

5. 意境美

园林植物的意境美是指观察者在感知的基础上通过情感、联想、理解等审美活动获得的植物景观内在的美。在这里，植物景观不只是一片有限的风景，而是具有象外之象，景外之景，就像诗歌和绘画那样，"境生于象外"。这种象外之境即为意境，它是"情"和"景"的结晶。情景交融，以景动情，以情去感染人，让人在与景的情感交流中领略精神的愉悦和心理的满足，达到审美的高层次境界。在园林植物造景中，意境美的表达方式常见以下几种：

（1）比拟联想，植物的"人化"

中国具有悠久的灿烂文化，人们在欣赏大自然植物美的同时逐渐将其人格化。例如，视松柏耐寒，抗逆性强，虽经严冬霜雪或在高山危岩，仍能挺立风寒之中，即《论语》之"岁寒，然后知松柏之后凋也"。松树寿长，故有"寿比南山不老松"之句，以松表达祝福长寿之意。竹被认为是有气节的君子，有"未曾出土便有节，纵使凌云仍虚心"之誉，又有"其有群居不乱，独立自峙；振风发屋，不为之倾；大旱乾物，不为之瘁；坚可以配松柏，劲可以凌雪霜；密可以泊晴烟，疏可以漏宵月；婵娟可玩，劲挺不回者，尔其保之"的特色。苏东坡曾云："宁可食无肉，不可居无竹。"梅亦被誉为傲霜雪的君子，松、竹、梅被称为岁寒三友。荷花被认为"出淤泥而不染，濯清涟而不妖"，是有脱离庸俗而具有理想的君子的象征，它有"荷香风送远""碧荷生幽泉，朝日艳且鲜"的美化效果。桃花在公元前的《诗经·周南》有"桃之夭夭，灼灼其华"誉其艳丽；后有"人面桃花"句转而喻淑女之美，而陶渊明的《桃花源记》更使桃花林给人带来和平、理想仙境的逸趣。在广东一带，春节风俗家中插桃花表示幸福。白兰有幽香为清高脱俗的隐士，白杨萧萧表惆怅、伤感，翠柳依依表情意绵绵。李花繁而多子，现在习称"桃李满天下"表示门人弟子众多。紫荆表示兄弟和睦，含笑表深情，木棉表示英雄，桂花、杏花因声而意显富贵和幸福，牡丹因花大艳丽而表富贵。过去北京城内较考究的四合院内的植物栽植讲究"玉堂春富贵"，即在庭院中对植玉兰、海棠、迎春、牡丹或盆栽桂花，有的还讲究摆设荷花缸。

（2）诗词书画、园林题咏的点缀和发挥

诗词书画、园林题咏与中国园林自古就有着不解之缘，许多园林景观都有赖于诗词书画、园林题咏的点缀和发挥，更有直接取材于诗文画卷者。园林中的植物景观亦是如此，如西湖三潭印月中有一亭，题名为"亭亭亭"，点出亭前荷花亭亭玉立之意，在丰富景观欣赏内容的同时，增添了意境之美。扬州个园袁枚撰写的楹联，"月映竹成千个字，霜高梅孕一身花"，咏竹吟梅，点染出一幅情趣盎然的水墨画，同时也隐含了作者对君子品格的崇仰和追求，赋予植物景观以诗情画意的意境美。"空山不见人，但闻人语响。返景入深林，复照青苔上。""独生幽篁里，弹琴复长啸。深林人不知，明月来相照。"王维用深林、青苔、幽篁这些植物构成多么静谧的环境。杜甫的"两个黄鹂鸣翠柳，一行白鹭上青天"景色清新，色彩鲜明。李白的"镜湖三百里，菡萏发荷花。五月西施采，人看隘若耶"，写出了优美动人的意境。"几处早莺争暖树，谁家新燕啄春泥。乱花渐欲迷人眼，浅草才能没马蹄。最爱湖东行不足，绿杨阴里白沙堤"，白居易在诗中用暖树、乱花、浅草、绿杨描绘出一幅生机盎然的西湖春景。"竹外桃花三两枝，春江水暖鸭先知"，苏轼用青竹与桃花带来春意。陆游的"山重水复疑无路，柳暗花明又一村"，用植物构成多么美妙的景色。而张继的"月落乌啼霜满天，江枫渔火对愁眠。姑苏城外寒山寺，夜半钟声到客船"所描绘的江枫如火、古刹钟声的景色，竟引得大批日本友人漂洋过海前来游访，这是诗的感染力。但诗的灵感源于包括以植物为主构成的景象，北宋诗人林和靖的"疏影横斜水清浅，暗香浮动月黄昏"在近千年来被传为名句。而《红楼梦》里的葬花词、桃花行、柳絮词、芦雪庭、红梅诗、海棠社、菊花题、风雨词、螃蟹咏，也都是在联想意境上较为深邃。

（3）借视觉、听觉、嗅觉等营造感人的典型环境

园林植物景观的意境美不仅能使人从视觉上获得诗情画意，而且还能从听觉、嗅觉等感官方面来得到充分的表达。如苏州拙政园的"听雨轩""留听阁"借芭蕉、残荷在风吹雨打的条件下所产生的声响效果而给人以艺术感受。承德避暑山庄中的"万鹤松风"景点也是借风掠松林发出的瑟瑟涛声而感染人的。而苏州留园的"闻木樨香轩"、拙政园的"远香益清"、承德避暑山庄的"香远益清""冷香亭"等景观，则是借桂花、荷花的香气而抒发某种感情。总之，这些反映出季节和时令变化的植物景观，往往能营造出感人的典

型环境，并化为某种意境深深地感染着人们。

植物的意境美多由文化传统而逐渐形成，但它不是一成不变的，会随着时代的发展而转变。如白杨萧萧是由于旧时代所谓庶民多植于墓地而成的，但今日由于白杨生长迅速，枝干挺直，翠荫匝地，叶近革质有光泽，为良好的普遍绿化树种；绿化的环境变了，所形成的景观变了，游人的心理感受也变了，用在公园的安静休息区中，微风作响时就不会有萧萧的伤感之情，而会感受到由远方鼓瑟之声，产生"万籁有声"的"静的世界"的感受，收到精神上安静休息的效果。又如对梅花的意境美，亦非仅限于"疏影横斜"的"方外"之感，而是"俏也不争春，只把春来报，待到山花烂漫时，她在丛中笑"的具有伟大精神美的体现了。在发展园林绿化建设工作中，能加强对植物意境美的研究与运用，对进一步提高园林艺术水平会起到良好的促进作用，同时使广大游人受到这方面的熏陶与影响，使他们在游园观赏景物时，在欣赏盆景和家庭养花时，能够受到美的教育。

三、园林植物种植设计

（一）植物种植设计的艺术原则

1. 统一与变化

在植物景观设计时，树形、色彩、线条、质地及比例都要有一定的差异和变化，显示植物景观的多样性，但又要使它们之间保持一定的相似性，引起统一感，这样既生动活泼，又和谐统一。如果变化太多，整体就会显得杂乱无章，甚至一些局部景观会感到支离破碎，失去美感。过于繁杂的色彩会让人们心烦意乱，无所适从，但平铺直叙，没有变化，又会单调呆板。因此，要掌握在统一中求变化，在变化中求统一的植物种植设计艺术原则。

运用重复的方法最能体现植物景观的统一感。例如：街道绿带中的行道树绿带，用等距离种植同种、同龄乔木树种，或者在乔木下栽植同种、同龄花灌木，这种精确的重复最具统一感。在进行一座城市树种规划时，分基调树种、骨干树种和一般树种。基调树种种类少，但数量大，可以形成该城市的基调及特色，起到统一作用；而一般树种种类多，每种量少，五彩缤纷，起到变化的作用。

长江以南盛产各种竹类，在竹园的景观设计中，众多的竹种均统一在相似的竹叶及竹竿的形状及线条中。然而，丛生竹与散生竹有聚有散，高大的毛竹、钓鱼慈竹或麻竹等与低矮的箬竹栽植则高低错落，龟甲竹、人面竹、方竹、佛肚竹则节间形状各异，粉单竹、白杆竹、紫竹、黄金间碧玉竹、碧玉间黄金竹、金竹、黄槽竹、菲白竹等则色彩多变，将这些竹种巧妙配植，则能在统一中追求变化。

2. 均衡与稳定

均衡与稳定是植物栽植时的一种布局方法。各种园林植物都表现出不同的质量感，在平面上表示轻重关系适当就是均衡；在立面上表示轻重关系适宜则为稳定。

将体量、质地各异的植物种类按均衡的原则栽植，景观就显得稳定、顺眼。如色彩浓重、体量庞大、数量繁多、质地粗厚、枝叶茂密的植物种类，给人以重的感觉；相反，色彩素淡、体量小巧、数量简少、质地细柔、枝叶疏朗的植物种类，则给人以轻盈的感觉。根据周围环境，在栽植时可采用规则式均衡（对称式）和自然式均衡（不对称式）。

规则式均衡常用于规则式建筑及庄严的陵园或雄伟的皇家园林中。如门前两旁配植对称的两株桂花；楼前配植等距离、左右对称的南洋杉、龙爪槐等；陵墓前、主路两侧栽植对称的松或柏等。

自然式均衡常用于花园、公园、植物园、风景区等较自然的环境中。一条蜿蜒曲折的园路两旁，路的右侧若种植一棵高大的雪松，则须在邻近的左侧植以数量较多、单株体量较小、成丛的花灌木，以求均衡。

在一般情况下，园林景物不可能绝对对称均衡，但仍然要获得总体景观上的均衡。这包括各种植物或其他园林构成要素在体形、质地、数目、线条等各方面的权衡比较，以求得景观效果的均衡。

3. 比例与尺度

比例是指园林中的景物在体形上具有适当的关系，既有景物本身各部分之间长、宽、高的比例关系，又有景物之间个体和整体之间的比例关系。尺度既有比例关系，又有匀称、协调、平衡的审美要求，其中最重要的是联系到人的体形标准之间的关系，以及人所熟悉的大小关系。

当植物与建筑物栽植时要注意体量、重量等比例的协调。如广州中山纪念堂主建筑两旁各用一棵冠径达 25 m 庞大的白兰花与之相协调；南京中山陵两侧用高大的雪松与雄伟庄严的陵墓相协调。一些小比例的岩石园及空间中的植物栽植则要选用矮小植物或低矮的园艺变种。反之，庞大的立交桥附近的植物景观宜采用大片色彩鲜艳的花灌木或花卉组成大色块，方能与之在气魄上相协调。

4. 对比与调和

对比与调和是园林艺术构图的重要手段之一，植物景观设计时用差异和变化可产生对比的效果，具有强烈的刺激感，形成兴奋、热烈和奔放的感受。因此，在植物景观设计中常用对比的手法来突出主题或引人注目。相反，各景物相互联系与配合则体现调和的原则，可使人具有柔和、平静、舒适和愉悦的美感。找出近似性和一致性，栽植在一起才能产生协调感。例如：一些粗糙质地的建筑墙面可用粗壮的紫藤等植物来美化，但对于质地细腻的瓷砖、马赛克及较精细的耐火砖墙，则应选择纤细的攀缘植物来美化；南方一些与建筑廊柱相邻的小庭院中，宜栽植竹类，竹与廊柱在线条上极为协调。

色彩构图中红、黄、蓝三原色中任何一原色同其他两原色混合成的间色组成互补色，从而产生一明一暗、一冷一热的对比色。它们并列时相互排斥，对比强烈，呈现跳跃新鲜的效果。用得好，可以突出主题，烘托气氛。如造园艺术中常用"万绿丛中一点红"来进行强调。秋季榉树叶色紫红，枝条细柔斜出，而银杏秋叶金黄，枝条粗壮斜上，二者对比鲜明。

黄色最为明亮，象征太阳的光源。幽深浓密的风景林，使人产生神秘和胆怯感，不敢深入。如栽植一株或一丛秋色或春色为黄色的乔木或灌木，诸如桦木、无患子、银杏、黄刺玫、金丝桃等，将其植于林中空地或林缘，即可使林中顿时明亮起来，而且在空间感中能起到小中见大的作用。红色是热烈、喜庆、奔放，为火和血的颜色，刺激性强，为好动的年轻人所偏爱。园林植物中如火的石榴、映红天的火焰花，开花似一片红云的凤凰木都可应用。蓝色是天空和海洋的颜色，有深远、清凉、宁静的感觉。紫色具有庄严和高贵的感受。园林中除常用紫藤、紫丁香、蓝紫丁香、紫花泡桐等外，很多高山具有蓝色的野生花卉急待开发利用。如乌头、高山紫苑、楼斗菜、水苦荬、大瓣铁线莲、大叶铁线莲、牛舌草、勿忘草、蓝靛果忍冬、野葡萄、白檀等。白色悠闲淡雅，为纯洁的象征，有柔和感，使鲜艳的色彩柔和。园林中常以白墙为纸，墙前栽植姿色俱佳的植物为画，效果奇佳。

5. 节奏与韵律

植物栽植中单体有规律地重复，有间隙地变化，在序列重复中产生节奏，在节奏变化中产生韵律。如路旁的行道树常用一种或两种以上植物的重复出现形成韵律。一种树等距离排列称为"简单韵律"；两种树木尤其是一种乔木和一种花灌木相间排列，或带状花坛中不同花色分段交替重复等，产生活泼的"交替韵律"。另外，还有植物色彩搭配，随季节发生变化的"季相韵律"；植物栽植由低到高，由疏到密，色彩由淡到浓的"渐变韵律"等。

杭州白堤上桃树间植棵柳树；云栖竹径，两旁为参天的毛竹林，如相隔50 m或100 m就栽植一棵高大的枫香，则沿径游赏时就会感到不单调，而有韵律感的变化。

6. 主体与从属

在植物栽植中，由于环境、经济、苗木等各种因素的影响，人们常把景区分为主体和从属的关系，如绿地以乔木为主体，以灌木、草本为从属；或以大片草坪为主体，以零星乔木、花灌木为从属等。园林规划设计中，一般把主景安置在主轴线或两轴线的交点上，从属景物放在轴线两侧或副轴线上。自然式园林绿地中，主景应放在该地段的重心位置上。主体与从属也表现在植物栽植的层次和背景上，为克服景观的单调，宜以乔木、灌木、花卉、地被植物进行多层的栽植。

（二）植物种植设计的一般原则

1. 功用性

进行园林种植设计，首先要从该园林绿地的性质和主要功能出发。园林绿地功能很多，具体到某一绿地，总有其具体的主要功能，要符合绿地的性质和功能要求。设计的植物种类来源有保证，并且具备必需的功能特点，能满足绿地的功能要求，符合绿地的性质。

根据原建设部的标准，城市绿地可以分为公园绿地、生产绿地、防护绿地、居住区绿地、特殊绿地等类型。各种绿地由于性质和功能不同，对园林树种的要求也不相同。

（1）公园绿地

公园绿地是向公众开放，以游憩为主要功能，兼具生态、美化、防灾等作用的绿地。公园绿地的植物选择首先要满足游憩功能，即园林植物种类要比较丰富，要具有较高的观赏性，且四季皆有景可观，还要有足够的庭荫树，供人们遮阳与休息。公园绿地面向的受众较广，要有针对性地选择各种年龄层次人群偏好的树种。例如：老年人喜欢在树下晨练，可以选择松柏类植物成片种植，它们分泌的杀菌素有益于人们身体的健康；年轻人喜欢热烈的气氛，可以选择桃花、樱花、海棠等花色艳丽的花灌木，花开时姹紫嫣红，能吸引他们赏花留影；孩童们喜欢有趣味性的树种，可以种植不同造型修剪的花灌木，如紫薇花瓶、花拱门；还要有一些科普性很强的树种，如珙桐、水杉等，可以让孩子们认识到我国植物资源的丰富性和独特性，提高他们的爱国热情。

公园绿地进一步划分为综合公园、专类公园、带状公园等。各种公园绿地根据类型不同在植物选择上应有所区别。下面是四种类型公园的植物选择要求：

①综合公园

兼具多种功能，在树种选择上也应多样化，满足四季均有景可观，同时满足不同层次游人的需求，但要注意不能太烦琐细碎，不求面面俱到，要以景观的协调统一为前提。如北方春花树种可选择迎春、连翘、碧桃、丁香、海棠等树种，夏花树种选择栾树、合欢、木槿、紫薇等树种，秋叶树种选择元宝枫、黄栌、茶条槭等，冬季树种则以侧柏、桧柏、白皮松、油松等常绿树种为主，公园内形成常绿树与落叶树结合、庭荫树与花灌木结合以及观花、观叶与观果树种相结合的植物景观。

②专类公园（植物园）

植物园要突出植物的多样性，树种要丰富，除了考虑树木的观赏性外，还要考虑其保护价值、科学价值、科普价值、经济价值等方面，尤其是珍稀濒危植物和特有植物收集，每个树种不求多，但求精。如珙桐被称为植物界的"大熊猫"，具有重要的观赏、保护、科研和科普价值，世界各大植物园都争相收集栽培展示，目前已在北京植物园开花。水杉被称为"活化石"，曾经在地球上广泛分布，后受冰川的影响仅在我国中西部山地得到保存，现已在世界各植物园栽培展示。

植物园不仅要有原种的收集，还要有园艺品种的收集，如全世界丁香属近 20 种 2000 余个品种，国际上知名的植物园或树木园，如美国哈佛大学阿诺德树木园，能收集展示约 200 个品种。此外，植物园对树种的收集要有世界眼光，要对相似气候带的世界范围内植物进行有目标、有重点的收集，体现植物园的科研、科普、展示功能。

③动物园

动物园对树种的选择要求可以宽泛一些，主要考虑为兽舍、动物和游人提供庇荫、挡风等功能，对兽舍进行分隔，改善动物的生存环境，软化过多的建筑。可以在某些动物馆选择该动物栖息地的野生树种或食源树种。如根据当地气候条件在大熊猫馆周围种植竹类，尤其是箭竹类，能起到很重要的科普价值，同时烘托现场环境。狮子户外活动馆种植一些高大的树木，可作为其庇荫休息场所。

④儿童园

儿童园其主旨是为儿童们提供一个游览、活动和学习的安全环境。考虑到儿童活动的特点，一般面积不大，但比较小巧精致。植物选择上以低矮、体形小的灌木为主，便于儿童们观看触摸。尤其是各种经过修剪造型的绿篱植物深受孩子们喜爱，如紫杉、黄杨、大叶黄杨、女贞、海桐、珊瑚树等。花灌木中，花色艳丽、花形奇特、气味芬芳的树木最受青睐。如丁香类植物花序大而密集，花冠管状，花瓣 4 裂，气氛芳香。经老师或家长提示，花瓣为 5 瓣的丁香花为"幸运花"，谁最先找到，谁就是幸运之星，孩子们便会在花丛中仔细观察，常以能找到花瓣 5 裂的花朵为荣。将植物的趣味性与故事性融入，能使儿童们在游玩中得到享受，并受到熏陶。

儿童园的植物选择上应尽量避免带刺、有毒或其他影响身体健康的植物，如小檗类的植物有刺，触摸后很容易划伤皮肤。如有意向增加儿童的知识，提高其感知自然的能力，应该加上小型围栏，并竖立科普牌示。例如：在围栏内种植蔷薇、玫瑰和月季，告知三者的特征和区别，让孩子们认识植物，学到知识；在南方种植箭毒木，通过设展板、讲故事等方式，告知孩子们正确认识箭毒木的毒性机理及其保护价值、经济价值。很多儿童园设有种植区，主要种植蔬菜和花卉，孩子们可以体验从播种、移栽、浇水、施肥到收获的整个过程，当然也可以适当考虑果树和小型花灌木的种植。

（2）生产绿地

我国是世界上木本植物资源最为丰富的国家之一，有乔灌木115科302属8000余种，全世界尤其是温带地区近95%的木本植物属，在我国几乎都有代表种分布。城市中生产绿地以苗和果园、农田为主。苗圃不仅为城市绿化提供苗木，还为城市美化提供应时花卉，尤其是随着温室技术的发展，各种室内花卉和盆栽花卉生产量也日益增加。

果园尤其是观光果园不仅能生产水果，而且可以供人们观光和采摘，如北京平谷桃园不仅生产果桃，而且在花开时候举办桃花节，万亩桃园桃花如云似霞，蔚为壮观。其他果园如樱桃园、梨园、石榴园等在郊区兼具生产、观赏和休闲旅游等功能。农业观光生产园除了生产、供游人采摘外，也能供观赏，如蒲桃各品种间果实大小、形状和颜色各异，不仅能食用，观赏价值也非常高。其他大面积种植的经济植物如竹类，不仅能生产各种竹材，加工成竹制品，采收竹笋和竹叶，竹林也是一大景观，很多游人都喜欢与竹合影留念。因此，在城市尤其是郊区，顺应人们回归自然的潮流，发展生产与观光旅游相结合的产业，是生产型绿地转变经营观念、提高经济效益和社会效益的创新之路。各种生产绿地植物特点如下：

①木本花卉

我国木本花卉种类非常丰富，各地可根据地理条件因地制宜发展有特色的苗木产业。苗圃业的发展对城市的园林绿化可提供有力的支撑，大城市由于地价较高，对苗圃业的发展造成很大压力，生产高附加值的特色苗木成为今后都市苗圃的发展方向。

②果树

中国栽培的果树有300余种，北方常见栽培的有桃、李、梨、杏、樱桃、山楂、柿、枣、板栗、核桃、葡萄、猕猴桃等，南方常见栽培的有柑橘、柚、荔枝、龙眼、杨梅、枇杷、橄榄、杧果等。这些树种果实诱人，可供食用，开花时景色也非常壮观，非常适合发展都市观光旅游和采摘。还有一些栽培较少的果树，如无花果、桑、蓝莓等也可以在城市栽培，以提高人们对稀有果树的热情和采摘兴趣。

③药用植物

我国的药用植物虽然有8000余种，但大规模栽培生产的种类并不多，不少药用植物对栽培环境有较高的要求，影响了其在都市的生产发展。城市生产绿地中可以栽培的木本药用植物有银杏、杜仲、粗榧、紫杉、连翘、忍冬、淫羊藿、女贞、山茱萸等树种。

（3）防护绿地

随着我国城市化进程的不断推进，自然植被遭到破坏、人居环境不断恶化、沙尘天气增多、水源受到污染、空气中污染物质超标等问题日益凸显，迫切需要改善人类的生存环境。园林树木在吸收二氧化碳、释放氧气、防风固沙、净化空气和水体等方面效果显著，因此，可以建立各种防护绿地来改善环境。不同地段有不同的功能需求，据此选择不同树种。各种防护绿地特点及树种要求如下：

①防风和引风林带

树木的防风作用最容易发挥，特别是在沙尘肆虐的地方，防风固沙更显重要。凡是枝干强韧而且根深叶茂而不易折断者，都适合做防风树种，如榉、朴、榆、栎、银杏、椴、粗榧、珊瑚树、杉木、马尾松、铁杉等。常绿树中枝叶过密者，易遭风害，故不适合做防风之用；落叶树木中的刺槐、悬铃木、柳、落叶松、金钱松等，防风力较弱。

营造防风林的效果与其结构有关，不透风带由常绿乔木、落叶乔木和灌木组成，防护效果好，能降低70%左右风速，但是气流越过林带会很快恢复原来的风速。透风林带由枝叶稀疏的乔灌木组成，或者只用乔木不用灌木。为了达到良好的防护效果，可在城市外围建立透风林带，靠近居住区采用不透风林带，中间采用半通透结构，使风速降到最小。防风林一般由多个林带组成，每个林带不小于10 m，防风林带能起作用的距离一般在树高20倍之内。

与防风林带相对应的是营造引风林带，将郊区或山林地的清新空气引入城区，以降低城市的热岛效应，改善城区的空气质量。通常选择在城市上风方向的山林、湖泊等气候凉爽地带，在城市与山林湖泊之间建设一定宽度的楔形绿地，将清新凉爽的空气引入市区，改善城市的生态环境。绿地树种选择应高低错落，高大的树种栽植在风道外侧，低矮的树木灌丛或草地栽植在中间，形成两侧高大郁闭、中间低矮疏朗的植物景观，配合谷地地形，更加有利于加速风的流动。

②工业防护绿地

工矿企业是城市主要的污染源之一，一些散发有害气体及粉尘的工厂影响着人们的生活，并对环境造成破坏。很多园林树木对有害气体表现出一定的抗性，能吸收部分有害气体，并能吸附粉尘。在有毒气体污染的地区，除了进行设备和工艺改造来降低污染物排放外，还可以选择抗污染树种，营造防护林带，或在背风地点栽植其他树木，以免城市受危害。各种类型的工厂应根据性质建造相应面积的防护绿地和林带。

现代工厂中火灾是一个严重隐患，特别是油库、燃气库、化工纺织企业等易发火灾的区域，防火措施至关重要。园林树木中，叶常绿、少蜡、表皮质厚、富含水分等难燃树类防火性能较强，具有一定阻止火势蔓延的功效。

③道路防护绿地

行道树是栽植于道路两旁的树木，要求树干通直、姿态优美、枝叶奇特、生长迅速、耐修剪、适应性广、抵抗力强，因此应根据道路的类别选择不同的树种。

公路行道树要求枝干密集，耐干旱瘠薄，抗病虫害能力强，常绿树种有女贞、雪松、桧柏等，落叶树种有杨、柳、槐、悬铃木、枫杨等。公路行道树应以落叶树与常绿树相结合种植，如果用地允许，在靠近车行道一侧可种植花灌木，形成由小到大、由低到高的多层次植物景观，使视野开阔，并可调节驾驶员的视觉神经，不至于长途驾驶造成视觉疲劳。如果公路直线距离过长，应该每隔2~3 km变换树种和景观，使公路绿化景观不过于单调，从而调节驾驶员的视觉和心理状况，同时也可避免病虫害的蔓延。主干道高速公路的植物选择要求耐修剪、绿色为主，要有一定的韵律感，但色彩搭配不可过于艳丽。还要注意在公路交叉路口留出足够的视距，距离桥梁涵洞5 m之内不应种树，以保证交通安全。在封闭的公路两侧，可种植1~2种分枝密的有刺植物，如柞木、枸橘、金樱子、黄刺玫、玫瑰、云实等，密植成篱状或带状，可以避免行人及牲畜进入。

铁路路线长，两侧绿化可相对简单，尽量应用乡土树种，不对当地生态环境造成破坏，同时也可节省养护成本。铁路两侧种植树木应离开铁轨一定距离，乔木不少于10 m，灌木不少于6 m，一般可采用内侧灌木、外侧乔木的种植方式。在道路交叉口要留出足够视距，保证安全，一种较好的方式就是种植刺篱。

街道行道树主要是庇荫，常绿树种有广玉兰、香樟、木兰、杜英、女贞、棕榈类、榕树类等，落叶树种有悬铃木、鹅掌楸、银杏、七叶树、梧桐、杨、柳、榆、枫杨、臭椿、国槐、合欢、白蜡树、刺槐等，树种要求株形整齐、分枝点高、适应性强、易养护、耐污染、抗烟尘。

（4）居住绿地

随着现代住宅楼越盖越高，住宅小区面积越来越大，小区居住人口越来越多，居住区绿化就愈显重要。根据国家规定，居住区绿地面积要占居住区用地的30%以上，绿化要以植物为主，改善居住区的环境条件，同时起到美化环境的作用，还可以在地震、火灾等紧急情况下起到防灾避险的作用。

居住区绿化要以人为本，考虑不同人群的需求，树种选择要避免飞絮和飞毛的杨柳雌株和悬铃木等树种，对具有强烈刺激气味的树种，如暴马丁香等不宜大面积栽植，以免引起人群过敏。居住区树木种植时要考虑居民对光照的需求，北方地区靠窗户的阳面不宜种植高大的常绿树，可在稍远处种植落叶树，冬季可以透过阳光，夏季能遮挡酷日。西北侧可种植少量常绿树，夏季能减少西晒，冬季能减弱西北风的侵袭。在种植设计时，树木种类不求多，但求精而有特色，在小区内形成不同风格的种植空间和景观，让居民对居住楼的绿化有认同感。

居住区土壤条件往往较差，养护水平差别较大，要选择适应性强、易于养护管理的树种，尤其是观赏价值较高的树木，如美人梅、红王子锦带、金叶榆等丰富植物的色彩。植物栽植除了考虑遮阴和居民活动外，应提倡复层种植，提高单位面积的绿量和生态效益。如在亚热带地区，上层乔木可选择圆柏、罗汉松、广玉兰、香樟、鹅掌楸、棕榈类等，中层灌木可选择桃叶珊瑚、栀子、南天竹、杜鹃花、瑞香、山茶、胡颓子等，下层地被树种可选择箬竹、偃柏、迎春、平枝枸子等，形成种类丰富而自然的植物景观。

居住区种植庭荫树主要用于夏日遮蔽骄阳直射，缓和酷暑袭人，在道旁、楼间营造绿荫。庭荫树的选择以枝繁叶茂的落叶阔叶乔木为好，如鹅掌楸、喜树、银杏、悬铃木、梧桐、泡桐、榉、榆、朴、槐、刺槐、楝、椿、枫杨、合欢等。在庭院宽阔处，也可栽植香樟、肉桂、桂花、广玉兰、木兰等常绿类树种。而紫藤、凌霄、木通、金银花等藤木类树种，则多配合廊架栽植应用。

此外，可种植一些孤赏树，以单株形式栽植，作为中心植物景观，赏花果、观形色，如雪松、罗汉松、白皮松、广玉兰、香樟、鹅掌楸、桂花等。在空间允许时还可采用丛植、群植，甚至林植等方式栽植，尤其是在小区外围，可形成林冠线这样比较一致的分界线。

绿篱在居住区绿化中应用广泛，主要用来分隔空间及营造私密空间。一楼住户的外围往往是绿篱或爬满藤本植物的栅栏。

2. 科学性

园林植物种植设计不仅要因材制宜，因时制宜，还要考虑其群落的稳定性。

因材制宜是指进行园林植物的种植设计时要根据植物的生态习性及其观赏特点，全面考虑在造景上的观形、赏色、闻香、听声的作用。结合立地环境及功能要求，进行合理布置。在植物方面应以乡土树种为主。乡土植物是城市及其周围地区长期生存并保留下来的植物。它们在长期的生长进化过程中，已经形成了对城市环境的高度适应性，成为城市园林植物的主要来源。外来植物对丰富本地植物景观大有益处，但引种应遵循"气候相似性"的原则进行。耐瘠薄、耐干旱的植物，成活率高，生长较快，较适于做城市绿化植物，尤其是行道树和街道绿化植物。

因时制宜是指进行植物栽植的时候既要考虑目前的绿化效果，又要考虑长远的效果，也就是要注意保持园林景观的相对稳定性。这是由于园林空间景物的特点是随着时间的变化而变化的，园林植物随时间的变化而改变其形态。因时制宜体现在植物栽植中远近结合的问题，这其中主要是考虑好快长树与慢长树的比例，掌握好常绿树、落叶树的比例。想要绿化效果好，还应注意乔木、灌木的比例以及草坪地被植物的应用。植物栽植中合理的株行距也是影响绿化效果的因素之一。用苗规格和大小苗木的比例也是决定绿化见效早晚的因素之一。在植物栽植中还应该注意乔木与灌木的搭配。灌木多为丛生状，枝繁叶茂，而且有鲜艳的花朵和果实，可以使绿地增加层次，可以组织分隔空间。植物栽植时，切不可忽视对草坪和地被植物的应用，因它们有浓密的覆盖度，而且有独特的色彩和质地，可以将地面上不同形状的各种植物有机结合成为一体，如同一幅风景画的基调色，并能迅速产生绿化效果。

园林植物群落不仅要有良好的生态功能，还要求能满足人们对自然景观的欣赏要求。所以，对于城市植物群落，不论是公园绿地的特殊景观，还是住宅区内的园林小品，这些景观特征能否持久存在，并保护景观质量的相对稳定极为重要，而植物群落随着时间的推移逐渐发生演替是必然的，那么要保证原有景观的存在和质量，就要求在设计和栽植过程中充分考虑到群落的稳定性原则，加以合理利用和人为干预，得到较为稳定的群落和景观。具体可采用的措施：一是在群落内尽可能多栽植不同的植物，提高植物对环境空间的利用程度，同时大大增强群落的抗干扰性，保持其稳定性；二是通过人为的干预在一定程度上加快或减缓植物群落的演替，如在干旱贫瘠的地段上，园林绿化初期必须栽植耐瘠耐旱的阳性植物以提高成活率来加快绿化进程，在其群落景观植物自然衰亡后，可自然演替至中性和以耐阴性植物为主的中性群落。

3. 经济性

进行植物种植设计须遵循经济性原则，以最少的投入获得最大的生态效益和社会效益。城市园林绿化以生态效益和社会效益为主要目的，但这并不意味着可以无限制地增加投入。任何一个城市的人力、物力、财力和土地都是有限的。遵循生态经济的原则，尽可能多选用寿命长、生长速度中等、耐粗放管理、耐修剪的植物以节约管理成本。在街道绿化中将穴状种植改为带状种植，尤以宽带为好，这样可以避免践踏，为植物提供更大的生存空间和较好的土壤条件，并可使落叶留在种植带内，避免因焚烧带来的污染和养分流失，还可以有效地改良土壤，同时对减尘减噪有很好的效果。合理组合多种植物，栽植成复杂层结构，并合理控制栽植密度，以防止由于栽植密度不当引起某些植物出现树冠偏冠、畸形、树干扭曲等现象，严重影响景观质量和造成浪费。

在城市园林植物栽植过程中，一定要遵循相关的原则，才能在节约成本、方便管理的基础上取得良好的生态效益和社会效益，让城市绿地更好地为改善城市环境，提高城市居民生活环境质量服务，真正做到"花钱少，效果好"。

4. 艺术性

种植设计要考虑园林艺术构图的需要。植物的形、色、姿态的搭配应符合大众的审美习惯，能够做到植物形象优美，色，调，景观效果良好。

自然式栽植多运用不同树种，以模仿自然，强调变化为主，有孤植、丛植、群植等栽植方式。孤植是将单株乔木栽植在位置显要之处，主要功能是观赏和遮阴，在景观中起画龙点睛的作用。孤植树常选用具有高大开张的树冠，在树姿、树形、色彩、芳香等方面有特色，并且寿命长、成荫效果好的树种。丛植在公园及庭院中应用较多，是由一定数量的观赏乔、灌木自然地组合栽植在一起，株数由数株到十几株不等。以观赏为主的丛植应以乔灌木混交，并栽植一定的宿根花卉，在形态和色调上形成对比，构成群体美。以遮阴为主要目的的丛植全部由乔木组成，树种可以比较单一。群植通常是由十几株至几十株树木按一定的构图方式混植而成的人工林群体结构，其单元面积比丛植大，在园林绿地中可做主景或背景之用。

规则式栽植强调整齐和对称，多以某一轴线为对称排列，有对植、行列植等方式，也可以构成各种几何图形。对植一般指用两株或两丛树，按一定的轴线关系，相互对称或均衡地种植，主要用于公园、道路、广场的出入口，左右对称，相互呼应，在构图上形成配景或夹景，以增强纵深感。对植的树木要求外形整齐美观，严格选择规格一致的树木。将乔、灌木按一定株行距成行成排地种植，在景观上形成整齐、单纯的效果，可以是一种树种，也可以是多树种搭配。行道树、防护林带、林带、树篱等多采用此种栽植形式。

第二节　乔灌木栽植施工

树木景观是园林和城市园林景观的主体部分，树木栽植工程则是园林绿化最基本、最重要的工程。在实施树木栽植之前，应先整理绿化现场，去除场地上的废弃杂物和建筑垃圾，换来肥沃的栽植壤土，并把土面整平耙细，然后按照一定的程序和方法进行栽植施工。

一、影响苗木栽植成活的因素

由于影响苗木栽植成活的因素很多，所以要想使苗木栽植成活，需要采取多种措施，并在各个环节严把质量关，影响苗木栽植成活的因素总结如下：

一是异地引进苗木：有些异地引进的苗木，由于不适应本地土质及气候条件，会渐渐死亡。

二是受污染的苗木：移栽后的苗木被工厂排放的某种有害气体污染或对地下水质有敏感的，会出现死亡。

三是栽植深度：苗木栽植深度不适宜，栽植过浅宜被干死；栽植过深则可能导致根部水浇不透或根部缺氧，从而引起苗木死亡。

四是土球的影响：移植苗木时，由于土球太小，比规范要求小很多，根系受损严重，成活较难。常绿树木移植时必须带土球方可能成活。在生长季节移植时，落叶树种也必须带土球移植，否则就会死亡。

五是浇水不透：浇水不透，表面上看着树穴内水已灌满，如果没有用铁锹捣之，很可能就浇不透，树会死。土球未被泡透，有时水已充满整个树穴，但因浇水次数少或水流失太快，因长时间运输而内部又硬又干的土球并未吃足水，苗木也会慢慢死去。

六是未浇防冻水和返青水：对于当年新植的树木，土壤封冻前应浇防冻水，来年初春土壤化冻后应浇返青水，否则易死亡。

七是土壤积水：树木栽在低洼之地，若长期受涝，不耐涝的品种很可能死亡。

二、移植季节的选择

树木是有生命的机体，在一般情况下，夏季树木生命活动最旺盛，冬天其生命活动最微弱或近乎休眠状态，因此，树木的栽植是有很明显的季节性的。选择树木生命活动最微弱的时候进行移植，才能保证树木的成活。

（一）春季移植

寒冷地区以春季移植比较适宜，特别是在早春解冻后到树木发芽之前。这个时期树液刚刚开始萌动，枝芽尚未萌发，蒸腾作用微弱，土壤内水分充足，温度高，移植后苗木的成活率高。到了气候干燥和刮风的季节，或是气温突然上升的时候，由于新栽的树木已经长根成活，已具有抗旱、抗风的能力，可以正常生长。

（二）夏季移植

北方的常绿针叶树种也可在雨季初进行移植。

（三）秋冬季移植

在气候比较温暖的地区以秋、初冬移植比较适宜。这个时期的树木落叶后，对水分的需求量减少，而外界的气温还未显著下降，地温比较高，树木的地下部分并没有完全休眠，被切断的根系能够尽早愈合，继续生长生根。到了春季，这批新根能继续生长，又能吸收水分，可以使树木更好地生长。

由于某些工程的特殊需要，也常常在非植树季节移植树木，这就需要采取特殊处理措施。随着科学技术的发展，大容器育苗和移植机械的推出，使终年移植已成为可能。

三、栽植前的准备

绿化栽植施工前必须做好各项准备工作，以确保工程顺利进行。

一是明确设计意图及施工任务量；

二是编制施工组织计划；

三是施工现场准备。

若施工现场有垃圾、渣土、废墟、建筑垃圾等，要进行清除，一些有碍施工的市政设施、房屋、树木要进行拆迁和迁移，然后可按照设计图纸进行地形整理，主要使其与四周道路、广场的标高合理衔接，使绿地排水通畅。如果用机械平整土地，则事先应了解是否有地下管线，以免机械施工时造成管线的损坏。

四、定点放线

定点放线是在现场测出苗木栽植位置和株行距。由于树木栽植方式各不相同，定点放线的方法也有很多种，常用的有以下三种：

（一）自然式栽植乔、灌木放线法

1. 坐标定点法

根据植物栽植的疏密度先按一定的比例在设计图及现场分别打好方格，在图上用尺量出树木在某方格的纵横坐标尺寸，再按此坐标在现场用皮尺确定栽植点在方格内的位置。

2. 仪器测放

用经纬仪依据地上原有基点或建筑物、道路将树群或孤植树依照设计图上的位置依次定出每株的位置。

3. 目测法

对于设计图上无固定点的绿化栽植，如灌木丛、树群等可用上述两种方法划出树群树丛的栽植范围，其中每株树木的位置和排列可根据设计要求在所定范围内用目测法进行定点，定点时应注意植株的生态要求并注意自然美观。定好点后，多采用白灰打点或打桩，标明树种、栽植数量（灌木丛、树群）及坑径。

（二）整形式（行列式）放线法

对于成片整齐式栽植或行道树，定点的方法是先将绿地的边界、园路广场和小建筑物等的平面位置作为依据，量出每株树木的位置，钉上木桩，木桩上写明树种名称。

一般行道树的定点是以路牙或道路的中心为依据，可用皮尺、测绳等，按设计的株距，每隔 10 株钉一木桩作为定位和栽植的依据，定点时如遇电杆、管道、涵洞、变压器等障碍物应躲开，不应拘泥于设计的尺寸，而应遵照与障碍物相距的有关规定来定位。

（三）等距弧线的放线

若树木栽植为一弧线，如街道曲线转弯处的行道树，放线时可从弧的开始到末尾以路牙或中心线为准，每隔一定距离分别画出与路牙垂直的直线。在此直线上，按设计要求的树与路牙的距离定点，把这些点连接起来就成为近似道路弧度的弧线，于此线上再按株距要求定出各点来。

五、苗木准备

（一）选苗

在掘苗之前，首先要进行选苗，苗木质量的好坏是影响其成活和生长的重要因素之一。除了根据设计提出对规格和树形的特殊要求外，还要注意选择生长健壮、无病虫害、无机械损伤、树形端正和根系发达的苗木。育苗期间没经过移栽的留床老苗最好不用，其移栽成活率比较低，移栽成活后多年的生长势都很弱，绿化效果不好。做行道树栽植的苗木分枝点应不低于 2.5 m。城市主干道行道树苗木分枝点应不低于 3.5 m。选苗时还应考虑起苗包装运输的方便，苗木选定后，要挂牌或在根基部位画出明显标记，以免挖错。

（二）掘苗前的准备工作

起苗时间最好是在秋天落叶后或土冻前、解冻后均可，因此时正值苗木休眠期，生理活动微弱，起苗对它们影响不大，起苗时间和栽植时间最好能紧密配合，做到随起随栽。

为了便于挖掘，起苗前 1~3 d 可适当浇水使泥土松软，对起裸根苗来说也便于多带宿土，少伤根系。

为了便于起苗操作，对于侧枝低矮和冠丛庞大的苗，如松柏、龙柏、雪松等，掘苗前应先用草绳拢冠，这样既可以避免在掘取、运输、栽植过程中损伤树冠，又便于起苗操作。

对于地径较大的苗木，起苗前可先在根系周边挖半圆预断根，深度根据苗木而定，一般挖深 15~20 cm 即可。

（三）起苗方法

起苗时，要保证苗木根系完整。裸根乔、灌木根系的大小，应根据掘苗现场的株行距及树木高度、干径而定。一般情况下，乔木根系可按其高度的 1/3 左右确定，而常绿树带土球移植时，其土球的大小可按树木胸径的 10 倍左右确定。

起苗的方法常有两种：裸根起苗法和土球起苗。裸根起苗适用于处于休眠状态的落叶乔木、灌木和藤本。起苗时应尽量多保留较大根系，留些宿土。如掘出后不能及时运走，为避免风吹日晒应埋土假植，土壤要湿润。

掘土球苗木时，土球规格视各地气候及土壤条件不同而各异。对于特别难成活的树种一定要考虑加大土球。土球的高度一般可比宽度少 5~10 cm。土球的形状可根据施工方便而挖成方形、圆形、半球形等，但是应注意保证土球完好。土球要削光滑，包装要严，草绳要打紧，不能松脱，土球底部要封严，不能漏土。

六、包装运输和假植

落叶乔、灌木在掘苗后装车前应进行粗略修剪，以便于装车运输和减少树木水分的蒸腾。苗木的装车、运输、卸车、假植等各项工序，都要保证树木的树冠、根系、土球的完好，不应折断树枝、擦伤树皮和损伤根系。

落叶乔木装车时，应排列整齐，使根部向前，树梢向后，注意树梢不要拖地。装运灌木可直立装车。凡远距离的裸根苗运送时，常把树木的根部浸入事先调制好的泥浆中然后取出，用蒲包、稻草、草席等物包装，并在根部衬以青苔或水草，再用苫布或湿草袋盖好根部，以有效地保护根系而不致使树木干燥受损，影响成活。装运高度在 2 m 以下的土球苗木，可以立放，2 m 以上的应斜放，土球向前，树干向后，土球应放稳，垫牢挤严。

苗木运到现场，如不能及时栽植，裸根苗木可以平放地面，覆土或盖湿草即可，也可在距栽植地较近的阴凉背风处，事先挖好宽 1.5~2 m，深 0.4 m 的假植沟，将苗木码放整齐，逐层覆土，将根部埋严。如假植时间过长，则应适量浇水，保持土壤湿润。带土球苗木临时假植时应尽量集中，将树直立，将土球垫稳、码严，周围用土培好。如时间较长，同样应适量喷水，以增加空气湿度，保持土球湿润。此外，在假植期还应注意防治病虫害。

七、挖栽植穴

挖穴质量的好坏对植株以后的生长有很大的影响。在栽苗木之前应以所定的灰点为中心沿四周向下挖坑，坑的大小依土球规格及根系情况而定，一般应在施工计划中事先确定。带土球的应比土球大 16~20 cm，栽裸根苗的坑应保证根系充分舒展，坑的深度一般比土球高度稍深些（10~20 cm），坑的形状一般为圆形或正方形，但无论何种形状，必须保证上下口大小一致，不得挖成上大下小或锅底形状，以免根系不能舒展或填土不实。

（一）堆放

挖穴时，挖出的表土与底土应分别堆放，待填土时将表土填入下部，底土填入上部和做围堰用。

（二）地下物处理

挖穴如遇地下管线时，应停止操作，及时找有关部门配合解决，以免发生事故。发现有严重影响操作的地下障碍物时，应与设计人员协商，适当改动位置。

（三）施肥与换土

土壤较贫瘠时，先在穴部施入有机肥料做基肥。将基肥与土壤混合后置于穴底，其上再覆盖上 5 cm 厚表土，然后栽树，可避免根部与肥料直接接触引起烧根。

土质不好的地段，穴内须换客土。如石砾较多，土壤过于坚硬或被严重污染，或含盐量过高，不适宜植物生长时，应换入疏松肥沃的客土。

（四）注意事项

一是当土质不良时，应加大穴径，并将杂物清走。如遇石灰渣、炉渣、沥青、混凝土等不利于树木生长的物质，将穴径加大 1~2 倍，并换好土，以保证根部的营养面积。

二是绿篱等株距较小者，可将栽植穴挖成沟槽。

八、栽植

（一）栽植前的修剪

在栽植前，苗木必须经过修剪，其主要目的是减少水分的散发，保证树势平衡，使树木成活。

修剪时其修剪量依不同树种要求而有所不同，一般对常绿针叶树及用于植篱的灌木不多剪，只剪去枯病枝、受伤枝即可。对于较大的落叶乔木，尤其是生长势较强，容易抽出新枝的树木如杨、柳、槐等可进行强修剪，树冠可剪去 1/2 以上，这样可减轻根系负担，维持树木体内水分平衡，也使得树木栽后稳定，不致招风摇动。对于花灌木及生长较缓慢的树木可进行疏枝，短截去全部叶或部分叶，去除枯病枝、过密枝，对于过长的枝条可剪去 1/3~1/2。

修剪时要注意分枝点的高度。灌木的修剪要保持其自然树形，短截时应保持外低内高。

树木栽植之前，还应对根系进行适当修剪，主要是将断根、劈裂根、病虫根和过长的根剪去。修剪时剪口应平而光滑，并及时涂抹防腐剂以防水分蒸发、干旱、冻伤及病虫危害。

（二）栽植方法

苗木修剪后即可栽植，栽植的位置应符合设计要求。

栽植裸根乔、灌木的方法是一人用手将树干扶直，放入坑中，另一人将坑边的好土填入。在泥土填入一半时，用手将苗木向上提起，使根茎交接处与地面相平，这样树根不易卷曲，然后将土踏实，继续填入好土，直到与地平或略高于地平为止，并随即将浇水的土堰做好。

栽植带土球树木时，应注意使坑深与土球高度相符，以免来回搬动土球。填土前要将包扎物去除，以利根系生长，填土时应充分压实，但不要损坏土球。

（三）栽植后的养护管理

栽植较大的乔木时，在栽植后应设支柱支撑，以防浇水后大风吹倒苗木。

栽植树木后24 h内必须浇上第一遍水，水要浇透，使泥土充分吸收水分，树根紧密结合，以利根系发育。树木栽植后，每株每次浇水量可参考表7-1。

表7-1　树木栽植后浇水量

乔木及常绿树胸径/cm	灌木高度/m	绿篱高度/m	树堰直径/cm	浇水量/kg
	1.2~1.5	1~1.2	60	50
	1.5~1.8	1.2~1.5	70	75
3~5	1.8~2	1.5~2	80	100
5~7	2~2.5		90	200
7~10			110	250

树木栽植后应时常注意树干四周泥土是否下沉或开裂，如有这种情况应及时加土填平踩实。此外，还应进行及时的中耕，扶直歪斜树木，并进行封堰。封堰时要使泥土略高于地面，要注意防寒，其措施应按树木的耐寒性及当地气候而定。

九、乔灌木栽植施工的具体工作

（一）施工准备

主要材料包括各种苗木、支柱架材、铁丝、蒲包、草绳等。所需要的设备工具包括铁锹、镐、运输车辆、经纬仪等。

采用机械加人工平整场地，并翻耕土壤 0.5 m，翻耕的同时清理其中的瓦砾、石块、塑料袋等，然后把土粒打碎至 2 cm 左右。

（二）乔木栽植施工

1. 定点放线

本工程乔木栽植采用自然式群落栽植，放线较为复杂，采用方格网法进行。基本程序是在图纸上画出 10 m×10 m 的方格，然后在图上用尺量出树木在方格的纵横坐标尺寸，并测设到相应的现场上，用灰点标记，并立上木桩写明树种名称及规格。

2. 选苗、起苗与运输

本工程所采用的所有苗木由苗木公司统一供应。为使整个工程能快速成形，收到好的绿化效果，除满足设计要求的规格外，苗木还应选择株形饱满统一、无病虫害、根系发达的苗木。苗木选择选派专人负责。樟子松、糠椴、丹东桧柏起掘时带土球 0.6~1 m，均用草绳、蒲包包扎土球，旱柳、花楸、糖槭、丁香等仅带少量土球，用塑料袋装好，橡皮筋捆扎。苗木均采用敞式货车运输。

3. 挖栽植穴

与上一工序同时进行。以所定的灰点为中心沿四周向下挖坑，乔木的坑深为 1.10 m，坑为圆形，上下口大小一致。栽植穴挖好后，要把写有应栽植树种的木桩放在穴内，以免混淆或丢失而增加工作量。

4. 栽植

苗木运到现场后马上进行栽植，两人一组，一人用手将树干扶植，放入坑中，另一人将旁边的好土填入，填到一半左右，稍微将树干提起，然后再将土踏实，继续填土，直到与地面相平，做好土堰。栽植时可按树种依次栽植，也可以由专人负责一种树种同时进行栽植。若苗木不能及时栽植，裸根苗木平放地面用土覆盖；带土球苗木将树直立，土球垫稳、码严，周围用土培好。

5. 养护

樟子松、糠椴等较大的乔木栽植完后用三根支柱绑扎树干支撑，以防浇水后被大风吹倒。栽植完成后立即浇一遍透水，检查树干四周泥土是否下沉或开裂，树木是否歪斜等，并立即进行加土填平或扶直。

（三）灌木栽植施工

本工程中栽植的灌木主要有云杉、金山绣线菊、金焰绣线菊、圆柏、铺地柏，均采用灌木丛的栽植方法。在做好施工准备、平整场地基础上进行定点放线。

1. 定点放线

和乔木放线一样，采取方格网法，方格网为 10 m×10 m，并测设到场地上画出各灌木丛的种植范围，用白灰线标出，在所定范围内目测铺地柏、圆柏、榆等每株的位置和排列。

活动场地旁边的 3 条模纹线，在每条曲线上间隔找出 10 个点，包括两个端点，确定其横坐标和纵坐标，然后把它测绘到实地上，用木桩做出标注，然后用测绳在场地上做圆滑连接，连接完成后，打上白灰，对照施工图纸目测是否准确。

2. 起苗及运输

所有灌木苗木均按设计图纸要求规格选苗，云杉、金山绣线菊、金焰绣线菊、圆柏、铺地柏、榆起苗时只带少量土球，用塑料袋捆扎，采用货车运输，可随用随起随栽。若苗木运到现场后不能及时栽植，应在背风阴凉处挖宽 1.5～2 m、深 0.4 m 的假植沟，将苗木码放整齐，逐层覆土，将根部埋严。

3. 挖沟槽与栽植

云杉、金山绣线菊、金焰绣线菊按 25 株/m²，圆柏、榆、铺地柏按 9 株/m²，栽植穴深 0.6 m，随挖随栽，都采用密植，宜不见裸露地面为原则，周围无须筑土堰。

4. 养护

养护主要是浇水，灌木栽植完成后立即进行，第一遍水浇透，浇水时不能只淋在密植花木的叶片上，水的冲刷力不要太大。以后根据天气情况，派专人负责浇水。

十、风景树栽植

（一）孤立树栽植

孤立树可以被栽植在草坪上、岛上、山坡上等处，一般是作为重要风景树栽种的。选用作孤植的树木，要求树冠广阔或树势雄伟，或者是树形美观、开花繁盛也可以。栽植时，具体技术要求与一般树木栽植基本相同；但种植穴应挖得更大一些，土壤要更肥沃一些。根据构图要求，要调整好树冠的朝向，把最美的一面向着空间最宽最深的一方。还要调整树形姿态，树形适宜横卧、倾斜的，就要将树干栽成横、斜状态。栽植时对树形姿态的处理，一切以造景的需要为准。树木栽好后，要用木杆支撑树干，以防树木倒下，一年以后即可以拆除支撑。

（二）树丛栽植

风景树丛一般是用几株或十几株乔木灌木栽植在一起；树丛可以由一个树种构成，也可以由两个以上直至 7~8 个树种构成。选择构成树丛的材料时，要注意选树形有对比的树木，如柱状的、伞形的、球形的、垂枝形的树木，各自都要有一些，在配成完整树丛时才好使用。一般来说，树丛中央要栽最高的和直立的树木，树丛外沿可配较矮的和伞形、球形的植株。树丛中个别树木采取倾斜姿势栽种时，一定要向树丛以外倾斜，不得反向树丛中央斜去。树丛内最高最大的主树，不可斜栽。树丛内植株间的株距不应一致，要有远有近，有聚有散。栽得最密时，可以土球挨着土球栽，不留间距。栽得稀疏的植株，可以和其他植株相距 5 m 以上。

（三）风景林栽植

风景林一般用树形高大雄伟的或树形比较独特的树种群植而成。如松树、柏树、银杏、樟树、广玉兰等，就是常用的高大雄伟树种；柳树、水杉、蒲葵、椰子树、芭蕉等，就是树形比较奇特的风景林树种。风景林栽植施工中主要应注意下述三方面的问题：

1. 林地整理

在绿化施工开始的时候，首先要清理林地，地上地下的废弃物、杂物、障碍物等都要清除出去。通过整地，将杂草翻到地下，把地下害虫的虫卵、幼虫和病菌翻上地面，经过低温和日照将其杀死，减少病虫对林木危害，提高林地树木的成活率。土质贫瘠密实的，要结合着翻耕松土，在土壤中掺和进有机肥料。林地要略微整平，并且要整理为 1% 以上的排水坡度。当林地面积很大时，最好在林下开辟几条排水浅沟，与林缘的排水沟联系起来，构成林地的排水系统。

2. 林缘放线

林地准备好之后，应根据设计图将风景林的边缘范围线放大到林地地面上。放线方法可采用坐标方格网法。林缘线的放线一般所要求的精确度不是很高，有一些误差还可以在栽植施工中进行调整。林地范围内树木种植点的确定有规则式和自然式两种方式。规则式种植点可以按设计株行距以直线定点，自然式种植点的确定则允许现场施工中灵活定点。

3. 林木栽植

风景林内，树木可以按规则的株行距栽植，这样成林后林相比较整齐；但在林缘部分，还是不宜栽得很整齐，不宜栽成直线形；要使林缘线栽成自然曲折的形状。树木在林内也可以不按规则的株行距栽，而是在 2~7 m 的株行距范围内有疏有密地栽成自然式；这样成林后，树木的植株大小和生长表现就比较不一致，却有了自然丛林般的景观。栽于树林内部的树，可选树干通直的苗木，枝叶稀少一点儿也可以；处于林缘的树木，则树干可不必很通直，但是枝叶还是应当茂密一些。风景林内还可以留几块小的空地不栽树木，铺种上草皮，作为林中空地通风透光。林下还可选耐阴的灌木或草本植物覆盖地面，增加林内景观内容。

（四）水景树栽植

用来陪衬水景的风景树，由于是栽在水边，就应当选择耐湿地的树种。如果所选树种并不能耐湿，但又一定要用它，就要在栽植中做一些处理。对这类树种，其种植穴的底部高度一定要在水位线之上。种植穴要比一般情况下挖得深一些，穴底可垫一层厚度 5 cm 以上的透水材料，如炭渣、粗砂粒等；透水层之上再填一层壤土，厚度可在 8~20 cm；其上再按一般栽植方法栽种树木。树木可以栽得高一些，使其根茎部位高出地面。高出地面的部位进行壅土，把根茎旁的土壤堆起来，使种植点整个都抬高。水景树的这种栽植方法对根系较浅的树种效果较好，但对深根性树种来说，就只在两三年内有些效果，时间一长，效果就不明显了。

（五）旱地树栽植

旱地生长的植物大多不能忍耐土壤潮湿，因此，栽种旱生植物的基质就一定要透水性比较强。如栽种苏铁，就不能用透水性差的黏土，而要用含沙量较高的沙土；栽种仙人掌类灌木一般也要用透水性好的沙土。一些耐旱而不耐潮湿的树木，如马尾松、黑松、柏木、刺槐、榆树、梅花、杏树、紫薇、紫荆，等等，可以用较贫瘠的黏性土栽种，但一般要将种植点抬高，或要求地面排水系统特别完整，保证不受水淹。

第三节　大树移植施工

一、大树的选择

我们这里所讲的大树是指根干径在 10 cm 以上，高度在 4 m 以上的大乔木，但对具体的树种来说，也可有不同的规格。

（一）影响大树移植成活的因素

大树移植较常规苗木成活困难，原因主要有以下几方面：

一是大树年龄大，阶段发育老，细胞的再生能力弱，挖掘和栽植过程中损伤的根系恢复慢，新根发生能力差。

二是由于幼壮龄树的离心生长，树木的根系扩展范围很大（一般超过树冠水平投影范围），而且扎入土层很深，使有效的吸收根处于深层和树冠投影附近，造成挖掘大树时土球所带吸收根很少，且根多木栓化严重，凯氏带阻止了水分的吸收，根系的吸收功能明显下降。

三是大树形体高大，枝叶的蒸腾面积大，为使其尽早发挥绿化效果和保持原有优美姿态而很少进行过重截枝。加之根系距树冠距离长，给水分的输送带来一定的困难，因此，大树移植后很难尽快建立地上、地下的水分平衡。

四是树木大，土球重，起挖、搬运、栽植过程中易造成树皮受损、土球破裂、树枝折断，从而危及大树成活。

（二）大树的选择

选择需移植的大树时，一般要注意以下几点：

一是选择大树时，应考虑到树木原生长条件应和定植地的立地条件相适应，例如土壤性质、温度、光照等条件，树种不同，其生物学特性也有所不同，移植后的环境条件就应尽量地和该树种的生物学特性和环境条件相符。

二是应该选择符合景观要求的树种，树种不同，形态各异，因而它们在绿化上的用途也不同。如行道树，应考虑干直、冠大、分枝点高、有良好的庇荫效果的树种，而庭院观赏树中的孤立树就应讲究树姿造型。

三是应选择壮龄的树木，因为移植大树需要很多人力、物力。若树龄太大，移植后不久就会衰老，很不经济；而树龄太小，绿化效果又较差，所以既要考虑能马上起到良好的绿化效果，又要考虑移植后有较长时期的保留价值，故一般慢生树选20~30年生；速生树种则选用10~20年生，中生树可选15年生，果树，花灌木为5~7年生，一般乔木树高在4 m以上，胸径12~25 cm的树木则最合适。

四是应选择生长正常的树木以及没有感染病虫害和未受机械损伤的树木。

五是原环境条件要适宜挖掘、吊装和运输操作。

六是如在森林内选择树木时，必须选疏密度不大的最近5~10年生长在阳光下的树，易成活，且树形美观，景观效果佳。

选定的大树，用油漆或绳子在树干胸径处做出明显的标记，以利于识别选定的单株和朝向；同时应建立登记卡，记录树种、高度、干径、分枝点高度、树冠形状和主要观赏面，以便进行分类和确定栽植顺序。

二、大树移植的时间

（一）春季移植

早春是移植大树的最佳时间。因为这时树体开始发芽、生长，挖掘时损伤的根系容易愈合和再生，移植后，经过从早春到晚秋的正常生长以后，树木移植时受伤的部分已复原，给树木顺利越冬创造了有利条件。在春季树木开始发芽而树叶还没有全部长成以前，树木的蒸腾还未达到最旺盛时期，这时进行带土球的移植，缩短土球暴露在空间的时间，栽植后进行精心的养护管理也能确保大树的存活。

（二）夏季移植

盛夏季节，由于树木的蒸腾量大，此时移植对大树的成活不利，在必要时可加大土球，加强修剪、遮阴，尽量减少树木的蒸腾量，也可以成活。由于所需技术复杂，费用较高，故尽可能避免。最好在北方的雨季，由于空气中的湿度较大，因而有利于移植，可带土球移植一些针叶树种。

（三）秋冬季移植

深秋及冬季，从树木开始落叶到气温不低于-15 ℃这一段时间，树木虽处于休眠状态，但是地下部分尚未完全停止活动，移植时被切断的根系能在这段时间进行愈合，给来年春季发芽生长创造良好的条件。但是在严寒的北方，必须对移植的树木进行土面保护，以防冻伤根部。

三、大树移植前的准备工作

（一）切根的处理

通过切处理，促进侧须根生长，使树木在移植前即形成大量可带走的吸收根。这是提高移植成活率的关键技术，也可以为施工提供方便条件。常用下列方法：

1. 多次移植

此法适用于专门培养大树的苗圃中，速生树种的苗木可以在头几年每隔1~2年移植一次，待胸径达 6 cm 以上时，可每隔 3~4 年再移植一次。而慢生树待其胸径达 3 cm 以上时，每隔 3~4 年移一次，长到 6 cm 以上时，则隔 5~8 年移植一次，这样树苗经过多次移植，大部分的须根都聚生在一定的范围，因而再移植时可缩小土球的尺寸和减少对根部的损伤。

2. 预先断根法

适用于一些野生大树或一些具有较高观赏价值的树木的移植。一般是在移植前 1~3 年的春季或秋季，以树干为中心，2.5~3 倍胸径为半径或以较小于移植时土球尺寸为半径画一个圆或方形，再在相对的两面向外挖 30~40 cm 宽的沟（其深度则视根系分布而定，一般为 50~80 cm），对较粗的根应用锋利的锯或剪，齐平内壁切断，然后用沃土（最好是沙壤土或壤土）填平，分层踩实，定期浇水，这样便会在沟中长出许多须根。到第二年的春季或秋季再以同样的方法挖掘另外相对的两面，到第三年时，在四周沟中均长满了须根，这时便可移走。挖掘时应从沟的外缘开挖，断根的时间可按各地气候条件有所不同。

3. 根部环状剥皮法

同上法挖沟，但不切断大根，而采取环状剥皮的方法，剥皮的宽度为 10~15 cm，这样也能促进须根的生长，这种方法由于大根未断，树身稳固，可不加支柱。

（二）大树的修剪

为保证树木地下部分与地上部分的水分平衡，减少树冠水分蒸腾，移植前必须对树木进行修剪，修剪的方法各地不一，主要有以下几种：

1. 修剪枝叶

修剪时，凡病枯枝、过密交叉徒长枝、干扰枝均应剪去。此外，修剪量也与移植季节、根系情况有关。当气温高、湿度低、带根系少时应重剪；而湿度大，根系也大时可适当轻剪。此外，还应考虑到功能要求，如果要求移植后马上起到绿化效果的应轻剪，而有把握成活的则可重剪。

2. 摘叶

这是细致费工的工作，适用于少量名贵树种，移前为减少蒸腾可摘去部分树叶，移后即可再萌出新叶。

3. 摘心

此法是为了促进侧枝生长，一般顶芽生长的如杨、白蜡、银杏等可用此法以促进其侧枝生长，但是如木棉、针叶树种都不宜摘心处理。

4. 其他方法

如采用剥芽、摘花摘果、刻伤和环状剥皮等也可以控制水分的过分损耗，抑制部分枝条的生理活动。

（三）编号定向

编号是当移栽成批的大树时，为使施工有计划地顺利进行，可把栽植坑及要移栽的大树均编上一一对应的号码，使其移植时可对号入座，减少现场混乱及事故。

定向是在树干上标出南北方向，使其在移植时仍能保持它按原方位栽下，以满足它对庇荫及阳光的要求。

（四）清理现场及安排运输路线

在起树前，应清除树干周围2~3 m以内的碎石、瓦砾堆、灌木丛及其他障碍物，并将地面大致整平，为顺利移植大树创造条件。然后按树木移植的先后次序，合理安排运输路线，以使每棵树都能顺利运出。

（五）支柱、捆扎

为了防止在挖掘时由于树身不稳、倒伏引起工伤事故及损坏树木，在挖掘前应对须移植的大树进行支柱，一般是用3根直径15 cm以上的大戗木，分立在树冠分支点的下方，然后再用粗绳将3根戗木和树干一起捆紧，戗木底脚应牢固支持在地面，与地面呈60°左右。支柱时应使3根戗木受力均匀，特别是避风向的一面。戗木的长度不定，底脚应立在挖掘范围以外，以免妨碍挖掘工作。

（六）工具材料的准备

根据不同的包装方法，准备所需的材料。表7-2、表7-3是木板方箱移植所需工具和材料，表7-4是软材包装所需材料。

表7-2　木板方箱移植所需工具

名称	规格要求	用途
铁锹	圆口锋利	开沟刨土
小平铲	短把、口宽、15cm左右	修土球掏底
平铲	平口锋利	修土球掏底
大尖镐	一头尖、一头平	刨硬土
小尖镐	一头尖、一头平	掏底
钢丝绳机	钢丝绳要有足够长度，2根	收紧箱板
紧线器	—	

名称	规格要求	用途
铁棍	钢性好	转动紧线器用
铁锤	—	钉铁皮
扳手	—	维修器械
锄头	短把、锋利	掘底
手锯	大、小各一把	断根
修枝剪	—	剪根

表 7-3　木板方箱移植所需材料

材料		规格要求	用途
木板	大号	上板长 2m、宽 0.2 m、厚 0.03 m 底板长 1.75 m、宽 0.3 m、厚 0.05 m 边板上缘长 1.85 m、下缘长 1.7 m、宽 0.7 m、厚 0.05 m	移植土球规格可视土球大小而定
	小号	上板长 1.65 m、宽 0.3 m、厚 0.05 m 底板长 1.45 m、宽 0.3 m、厚 0.05 m 边板上缘长 1.5 m、下缘长 1.4 m、宽 0.65 m、厚 0.05 m	
方木		10cm 见方	支撑
木墩		直径 0.2 m，长 0.25 m，要求料直而坚硬	挖底时四角支柱土球
铁钉		长 5cm 左右，每棵树约 400 根	固定箱板
铁皮		厚 0.1 cm、宽 3 cm、长 50~75 cm，每距 5 cm 打眼，每棵树需 36~48 条	连接物
蒲包			填补漏洞

表 7-4　软材包装法所需材料表

土球规格 （土球直径×土球高度）/cm	蒲包/个	草绳
200×150	13	直径 2 cm，长 1 350 m
150×100	5.5	直径 2 cm，长 300 m
100×80	4	直径 1.6 cm，长 175 m
80×60	2	直径 1.3 cm，长 100 m

四、大树移植的方法

（一）土球包装移植法

1. 土球大小的确定

土球的大小依据树木的胸径来决定。一般来说，土球直径为树木胸径的 7~10 倍，土球过大，容易散球且会增加运输困难；土球过小，又会伤害过多的根系以影响成活。

2. 土球的挖掘

挖掘前，先用草绳将树冠围拢，其松紧程度以不折断树枝又不影响操作为宜，然后铲除树干周围的浮土，以树干为中心，比规定的土球大 3~5 cm 画一圆，并顺着此圆圈往外挖沟，沟宽 60~80 cm，深度以到土球所要求的高度为止。

3. 土球的修整

修整土球要用锋利的铁锹，遇到较粗的树根时，应用锯或剪将根切断，不要用铁锹硬扎，以防土球松散。当土球修整到 1/2 深度时，可逐步向里收底，直到缩小到土球直径的 1/3 为止，然后将土球表面修整平滑，下部修一小平底，土球就算挖好了。

4. 土球的包装

土球修好后，应立即用草绳、蒲包或蒲包片等进行包装。包装的方法主要有橘子包、井字包和五角包。

（二）木箱包装移植法

这种方法一般用来移植胸径达 15~25 cm 的大树，少量的用于胸径 30 cm 以上的，其土台规格可达 2.2 m×2.2 m×0.8 m，土方量为 3.2 m^3。

1. 移植前的准备

移植前首先要准备好包装用的板材，如箱板、底板和上板。还应准备好所需的全部工具、材料、机械和运输车辆，并由专人管理。

2. 包装

包装移植前应将树干四周地表的浮土铲除，然后根据树木的大小决定挖掘土台的规格，一般可按树木胸径的 7~10 倍作为土台的规格，具体可见表 7-5。然后，以树干为中心，以比规定的土台尺寸大 10 cm，画一正方形做土台的雏形，从土台往外开沟挖渠，沟宽 60~80 cm，以便于人下沟操作。挖到土台深度后，将四壁修理平整，使土台每边较箱板长 5 cm。修整时，注意使土台侧壁中间略突出，以便上完箱板后，箱板能紧贴土台。

表 7-5　土台规格

树木胸径/cm	15~18	18~24	25~27	28~30
木箱规格(上边长×高)/m×m	1.5×0.6	1.8×0.7	2.0×0.7	2.2×0.8

3. 立边板

土台修好后，应立即上箱板，以免土台坍塌。先将箱板沿土台的四壁放好，使每块箱板中心对准树干，箱板上边略低于土台 1~2 cm，作为吊运时土台下沉的余量。在安放箱板时，两块箱板的端部在土台的角上要相互错开，可露出土台一部分，再用蒲包片将土台包好，两头压在箱板下。然后在木箱的边板距上、下口 15~20 cm 处套好两道钢丝绳。每根钢丝绳的两头装好紧线器，两个紧线器要装在两个相反方向的箱板中央带上，以便收紧时受力均匀。

紧线器在收紧时，必须两边同时进行，收紧速度下绳应稍快于上绳。收紧到一定程度时，可用木棍捶打钢丝绳，如发出嘣嘣的弦音表示已收紧，即可停止。箱板被收紧后即可在四角上钉上铁皮 8~10 道，每条铁皮上至少要有两对铁钉钉在带板上。钉子稍向外侧倾斜，以增加拉力。四角铁皮钉好后，用 3 根木杆将树支稳后，即可进行掏底。

4. 掏底与上底板

掏底时，首先在沟内沿着箱板下挖 30 cm，将沟土清理干净，用特制的小板镐和小平铲在相对的两边同时掏挖土台的下部。当掏挖的宽度与底板的宽度相符时，在两边装上底板。在上底板前，应预先在底板两端各钉两条铁皮，然后先将底板一头顶在箱板上，垫好木墩。另一头用油压千斤顶顶起，使底板与土台底部紧贴。钉好铁皮，撤下千斤顶，支好支墩。两边底板钉好后即可继续向内掏底。要注意每次掏挖的宽度应与底板的宽度一致，不可多掏。在上底板前如发现底土有脱落或松动，要用蒲包等物填塞好后再装底板，底板之间的距离一般为 10~15 cm，如土质疏松，可适当加密。

5. 上盖板

于木箱上口钉木板拉结，称为"上盖板"。钉装上板前，将土台上表面修成中间稍高于四周，并于土台表面铺一层蒲包片。上板一般 2~4 块，某方向应与底板成垂直交叉，如须多次吊运，上板应钉成井字形。

(三) 机械移植法

近年来在国内正发展一种新型的植树机械，名为树木移植机，主要用来移植带土球的树木，可以连续完成挖栽植坑、起树、运输、栽植等全部移植作业。

树木移植机分自行式和牵引式两类，目前各国大量发展的都为自行式树木移植机，它由车辆底盘和工作装置两大部分组成。车辆底盘一般都是选择现成的汽车、拖拉机或装载机等，稍加改装而成，然后再在上面安装工作装置，包括铲树机构、升降机构、倾斜机构和液压支腿四部分。

目前我国主要发展3种类型移植机：能挖土球直径160 cm的大型机，一般用于城市园林部分移植径级16~20 cm以下的大树；挖土球直径100 cm的中型机，主要用于移植径级10~12 cm以下的树木，可用于城市园林部门、果园、苗圃等处；能挖直径60 cm土球的小型机，主要用于苗圃、果园、林场等移植径级6 cm左右的大苗。

（四）冻土移植法

在我国北方寒冷地区较多采用，适宜移植耐寒的乡土树种。它是在土壤冻结期或者在土壤冻得不深时挖掘土球，并可泼水促冻，不必包装，利用冻结河道或泼水冻结的平土地，只用人工即可拉运的一种方法，具有节约经费、土球坚固、根系完好、便于成活、易于运输等优点。

五、大树的吊运

（一）起吊

大树的吊运工作也是大树移植中的重要环节之一。吊运的成功与否，直接影响到树木的成活、施工的质量以及树形的美观等。目前，大树的调运主要通过起重机吊运和滑车吊运，在起吊的过程中，要注意不能破坏树形、碰坏树皮，更不能撞破土球。

吊运软材料包装的或带冻土球的树木时，为了防止钢丝绳勒坏土球，最好用粗麻绳。先将双股绳的一头留出1 m多长结扣固定，再将双股绳分开，捆在土球由上向下3/5的位置上绑紧，然后将大绳的两头扣在吊钩上，在绳与土球接触处用木块垫起，轻轻起吊后，再用脖绳套在树干下部，也扣在吊钩上即可起吊。之后，再开动起重机就可将树木吊起装车。

木箱包装吊运时，用两根钢索将木箱两头围起，钢索放在距木板顶端20~30 cm的地方（约为木板长度的1/5），把4个绳头结在一起，挂在起重机的吊钩上，并在吊钩和树干之间系一根绳索，使树木不致被拉倒，还要在树干上系1~2根绳索，以便在起运时用人力来控制树木的位置，避免损伤树冠，有利于起重机工作。在树干上束绳索处，必须垫上柔软材料，以免损伤树皮。

（二）运输

树木装上汽车时，使树冠向着汽车尾部，土块靠近司机室，树干包上柔软材料放在木架或竹架上，用软绳扎紧，土块下垫一块木衬垫，然后用木板将土球夹住或用绳子将土球缚紧于车厢两侧。

六、大树的定植

（一）准备工作

在定植前应首先进行场地的清理和平整，然后按设计图纸的要求进行定点放线。在挖移植坑时，要注意坑的大小应根据树种及根系情况、土质情况等而有所区别，一般应在四周加大 30~40 cm，深度应比木箱加 20 cm，土坑要求上下一致，坑壁直而光滑，坑底要平整，中间堆一 20 cm 宽的土埂。由于城市广场及道路的土质一般均为建筑垃圾、砖瓦、石砾，对树木的生长极为不利，因此，必须进行换土和适当施肥，以保证大树的成活和有良好的生长条件，换土是用 1：1 的泥土和黄沙混合均匀施入坑内。

用土量＝（树坑容积−土球体积）×1.3 （多 30％的土是备夯实土之需）

（二）卸车

树木运到工地后要及时用起重机卸放，一般都卸放在定植坑旁，若暂时不能栽下的则应放置在不妨碍其他工作进行的地方。

卸车时用大钢丝绳从土球下两块垫木中间穿过，两边长度相等，将绳头挂于吊车钩上，为使树干保持平衡可在树干分枝点下方拴一大麻绳，拴绳处可衬垫草，以防擦伤。大麻绳另一端挂在吊车钩上，这样就可把树平衡吊起，土球离开车后，速将汽车开走，然后移动吊杆把土球降至事先选好的位置。须放在栽植坑时，应由人掌握好定植方向，应考虑树姿和附近环境的配合，并应尽量符合原来的朝向。当树木栽植方向确定后，立即在坑内垫一土台或土坡，若树干不与地面垂直，则可按要求把土台修成一定坡度，使栽后树干垂直于地面以下再吊大树。当落地前，迅速拆去中间底板或包装蒲包，放于土台上，并调整位置。在土球下填土压实，并起边板，填土压实，如坑深在 40 cm 以上，应在夯实 1/2 时，浇足水，等水全部渗入土中再继续填土。

由于移植时大树根系会受到不同程度损伤，为促其增生新根，恢复生长，可适当使用生长素。

（三）养护

定植大树以后必须加强养护管理工作，应采取下列措施：

一是定期检查主要是了解树木的生长发育情况，并对检查出的问题如病虫害、生长不良等要及时采取补救措施。

二是浇水。

三是为降低树木的蒸发量，在夏季太热的时候，可在树冠周围搭荫棚或挂草帘。

四是摘除花序。

五是施肥。移植后的大树为防止早衰和枯黄，以致遭受病虫害侵袭，因而需 2~3 年施肥一次，在秋季或春季进行。

六是根系保护。对于北方的树木，特别是带冻土块移植的树木移植后，定植坑内要进行土面保温，即先在坑面铺 20 cm 厚的泥炭土，再在上面铺 500 m 厚的雪或 15 cm 的腐殖土或 20~25 cm 厚的树叶。早春，当土壤开始化冻时，必须把保温材料拨开，否则被掩盖的土层不易解冻，影响树木根系生长。

七、雪松的移植

（一）确定移栽时期

雪松在某市以春季移栽最为适宜，成活率较高。2 月—3 月气温已开始回升，雪松体内树液也开始流动，但针叶还没有生长，蒸发量较小，容易成活；每年 7 月—8 月，正值雨季，雪松虽已进行了大量生长，但因空气湿度较高，蒸腾量相对降低，此时进行移栽成活率也高。

（二）移植前的准备

1. 挖掘现场准备

为了保证移植时在有限的土台内拥有更多的吸收根，提高移植成活率，分别于连续两年的春季，以树干为中心，以 3 倍于胸径的长度为半径画圆，沿圆周外缘垂直向下挖宽 0.4 m、深 0.7 m 的沟槽，每年只挖相对的两个 1/4 圆周。在挖掘过程中若遇到直径 5~10 cm 的侧根，用利器斩断；若遇到大型主根对其进行 10 cm 宽的环剥，剥口用 0.01% 的生长素涂抹。

为使移植施工有计划地顺利进行，把栽植穴及欲移植的大树一一对应编上号码，使其移植时可对号入座，以减少现场混乱及事故。并且用油漆抹在树木南向胸径处，确保在定植时仍能保持它按原方向栽植，以满足它对蔽荫及阳光的要求。

2. 栽植现场的准备

确保栽植现场周边的建筑物、架空线、地下管网等满足运输机械及吊装机械的作业面需要；在施工范围内，根据设计要求做好场地的清理工作，如拆除原有构筑物、清除垃圾、清理杂草、平整场地等；做好现场水通的准备，保证大树栽植后马上就能灌水。

（三）挖栽植穴

该项工作可于大树挖掘的同时或者之前进行。按照施工图纸的要求进行定点放线，根据土球的规格确定栽植穴的要求，此工程采用木箱移植法，栽植穴的大小应与木箱一致，栽植穴的规格为 2.5 m×2.5 m×1.0m。栽植穴的位置要求非常准确，严格按照定点放线的标记进行。以标记为中心，以 3.0 m 为边长画一正方形，在线的内侧向下挖掘，按照深度1.0 m垂直刨挖到底，不能挖成上大下小的锅底坑。若现场的土壤质地良好，在挖掘栽植穴时，将上部的表层土壤和下部的底层土壤分开堆放，表层土壤在栽植时填在树的根部，底层土壤回填上部。若土壤为不均匀的混合土时，也应该将好土和杂物分开堆放，可堆放在靠近施工场地内一侧，便于换土及树木栽植操作。

栽植穴挖好后，要在穴底堆一个 0.8 m×0.5 m×0.2 m 的长方形土台。若栽植穴土壤中混有大量灰渣、石砾、大块砖石时，应配制营养土，用腐熟、过筛的堆肥和部分土壤搅拌均匀，施入穴底铺平，并在其上铺盖6~10 cm种植土，以免烧根。

（四）土台挖掘及木箱包装

起苗前应喷抗蒸腾剂，雪松移植应采用带土球移植法，土球好坏是影响雪松移栽成活的关键。土壤较干燥时，应提前 3 d 灌水以保证根部土壤湿润。挖起树木时根部土球不易松散。

土台规格：根据大树移植施工技术规范标准，胸径 30 cm 的雪松确定土台为梯形台，上大下小，包装木箱上边长 2.0 m，高为 0.8 m。

土台确定后，应先用草绳把过长的影响施工的下部树枝绑缚起来，树干上缠绕草绳。然后以树干为中心，以 2.1 m 为边长，画一正方形做土台的雏形，然后除去正方形范围内的浮土，深度以不伤根部为宜。从土台往外开沟挖掘，沟宽60~80 cm。土台挖深到 0.8 m深度后，用铁锹、铲子、锯等将四壁修理平整，使土台每边较箱板长 5 cm，土台侧壁中间略突出。土台修好后，立即安装箱板。

安装箱板时先安装 4 个侧面的箱板，每块箱板中心对准树干。侧面箱板安装后，继续下挖约 0.3 m，向内掏底，并上底板，边掏底边上底板。同时在底板四角用支墩支牢，避免发生危险。底板全部上完后，再上上板。

（五）吊装运输

根据土台大小选用合适的吊车装卸，本工程使用 25 t 汽车起重机进行。首先将机车在方便作业的平整场地上调稳，并且在支腿下面垫木块。用两根钢丝绳将木箱两端围起，把 4 个绳头结在一起挂在起重机的吊钩上，轻轻起吊，待木箱离地前停车。用草绳缠绕一段树干，并在其外侧绑扎上小木块，用一根粗绳系在包裹处，另一端扣在吊车的吊钩上，防止起吊时树冠倒地。装车时，树冠向着汽车的尾部，木箱靠近驾驶室。采用汽车运输，每车装一株，并由专人跟车押运。开车前，必须仔细检查装车情况，重点检查捆木箱的绳索是否绞紧、树冠是否扫地、支架与树干接触部位是否垫软物扎牢、树冠是否有超宽等。检查完毕后按照既定方案、运输路线进行运输。运输途中，司机应注意观察道路情况、横架空线、桥梁、公路收费站、建筑物、行人车辆等，押运人员随时检查木箱是否松动、树干是否发生摩擦，发现问题应马上靠边停车进行处理，以保证大树运输的质量。

（六）定植

雪松运至施工现场时，立即进行吊卸栽植。将车辆开至指定位置，解开捆绑大树的绳索。用两根钢丝绳将树木兜底，每根绳索的两端分别扣在吊车的吊钩上，将树木直立且不伤干枝。先行拆下方箱中间 3 块底板，若土台已松散可不拆除方箱。起吊入坑，按原南向标记对好方向。大树落稳后，用木杆将树木支稳，撤出钢丝绳，拆除底板及上板，回填土至坑深 1/3 时，拆除四周箱板。之后分层回填夯实至平地，在树干周围地面上，做出围堰进行浇水。

（七）栽后养护管理

1. 设立支撑

定植时用木杆做支撑，是雪松栽植操作时的保障措施，在定植完毕后必须及时对树体支撑进行重新固定，以防地面土层湿软、风袭导致歪斜、倾倒，同时保证其不漏风，有利于根系生长。采用三支柱式进行稳固。支架与树干之间用草绳、麻袋、蒲包等透气软质材料进行包裹，以免磨伤树皮。

2. 修剪

在定植后需要对枝条进行修剪，先去除病枝、重叠枝、内膛枝及个别影响树形的大枝，然后再修剪小枝。修建过程中应勤看、分多次修剪，且勿一次修剪成形，以免错剪枝条。修剪完成后及时用石蜡或防锈漆涂抹伤口，防止伤口遇水腐烂。移植不超过两个月的雪松如出现大量抽梢的情况，应及时去掉部分嫩梢，以免水分和营养的过分消耗。

3. 浇水

为确保雪松成活，栽后应立即浇一次透水，3~5 d 后浇第二次水，10 d 后浇第三次水。为保证成活率，在栽植的第四天结合浇水用 100ppm 的 ABT 生根粉做灌根处理。每遍水后如有塌陷应及时补填土，待三遍透水后再行封堰，用地膜覆盖树穴并整出一定的排水坡度，防止因后期养护时喷雾造成根部积水。地膜可长期覆盖，以达到防寒和防止水分蒸发的作用。雪松忌低洼湿涝，雨季注意及时排水。

4. 树体保湿

（1）树冠喷水

由于春季空气干燥，每天上午 10 点左右用高压喷雾器对雪松全株喷水雾，以叶片喷湿不滴水为度，不能出现根部积水的情况。

（2）绑裹草绳法

为了减少树皮水分蒸发，保证树木成活，对树干要采取保湿措施。方法是：用浸湿的草绳从树干基部缠绕至顶部，再用调制好的泥浆涂糊草绳，以后时常向树干喷水，使草绳始终处于湿润状态。

（3）喷抗蒸腾剂

具有抑制树木蒸腾的功用。

（4）做遮阴棚

夏季气温高，树体的蒸发量逐渐增加，此时可以用 70% 的遮阴网对树木架设遮阴棚，既避免了阳光直射，又保持了棚内的空气流动以及水分、养分的供需平衡。天气转凉后，可适时拆除遮阴棚。

5. 输液

由于雪松枝叶较多，移植时根系损伤严重，无法提供足够的水分和营养保证其正常生理活动，所以需要使用外部输液法在其树势恢复期间补充水分和营养。本工程用的是国光大树施它活移栽吊针营养液，一次用药 2 袋。连续用药 2~3 次。具体方法为：在植株基部用木工钻由上向下成 45°角钻输液孔 4 个，深至髓心。然后将营养液封口盖拧开，将输液管转换管插入封口拧紧，将袋子提高排除管内的空气，用力将针管塞入钻孔内，用钳子掐紧，使其不漏液。使用后袋子应回收，留作后用。伤口及时用泥土或波尔多液封堵，防止病虫侵入。

6. 施肥及喷药

由于树木损伤大，第一年不能施肥，第二年根据树的生长情况施农家肥或叶面喷肥。第二年早春和秋季也至少施肥2~3次。肥料的成分以氮肥为主。

栽后的大树因起苗、修剪造成了各种伤口，加之新萌的树叶幼嫩，树体抵抗力弱，故较易感染病虫害，若不注意很可能导致树木死亡。可用多菌灵或托布津、敌杀死等农药根据需要混合喷施，达到防治目的。

第四节　花坛栽植施工

一、花坛的概念

花坛是按照设计意图，在有一定几何形轮廓的植床内，以园林草花为主要材料布置而成的具有艳丽色彩或图案纹样的植物景观。花坛主要表现花卉群体的色彩美，以及有花卉群体所构成的图案美。花卉都有一定的花期，要保证花坛（特别是设置在重点园林绿化地区的花坛）有最佳景观效果，就必须根据季节和花期经常进行更换。

二、花坛的类型

（一）按照花材观赏特性分类

1. 盛花花坛

盛花花坛主要由观花草本花卉组成，表现花盛开时群体的色彩美。这种花坛在布置时不要求花卉种类繁多，而要求图案简洁明了，对比度强。盛花花坛着重观赏开花时草花群体所展现出的华丽鲜艳的色彩，因此，必须选用花期一致、花期较长、高矮一致、开花整齐、色彩艳丽的花卉，如三色堇、金鱼草、金盏菊、万寿菊、百日草、福禄考、石竹、一串红、矮牵牛、鸡冠花等。一些色彩鲜艳的一二年生观叶花卉也常选用，如羽衣甘蓝、地肤、彩叶草等。也可以用一些宿根花卉或球根花卉，如鸢尾、菊花、郁金香等，但栽植时一定要加大密度。同时花坛内的几种花卉之间的界线必须明显，相邻的花卉色彩对比一定要强烈，高矮不能相差悬殊。盛花花坛观赏价值高，但观赏期短，必须经常更换花材以延长观赏期。

2. 模纹花坛

模纹花坛主要由低矮的观叶植物和观花植物组成，表现植物群体组成的复杂的图案美。由于要清晰准确地表现纹样，模纹花坛中应用的花卉要求植株低矮、株丛紧密、生长缓慢、耐修剪。这种花坛要经常修剪以保持其原有的纹样，其观赏期长，采用木本的可长期观赏。模纹花坛可分为毛毡花坛、浮雕花坛和时钟花坛。

（1）毛毡花坛

由各种植物组成一定的装饰图案，表面被修剪得十分平整，整个花坛好像是一块华丽的地毯。

（2）浮雕花坛

表面是根据图案要求，将植物修剪成凸出和凹陷的式样，整体具有浮雕的效果。

（3）时钟花坛

图案是时钟纹样，上面装有可转动的时钟。

（二）按照花坛空间布局分类

1. 平面花坛

花坛表面与地面平行，主要观赏花坛的平面效果，包括沉床花坛和稍高出地面的花坛。

2. 斜面花坛

设置在斜坡或阶地上，也可搭建成架子摆放各种花卉，以斜面为主要观赏面。

3. 立体花坛

用花卉栽植在各种立体造型物上而形成竖向造型景观，可以四面观赏。一般作为大型花坛的构图中心，或造景花坛的主要景观。

（三）按照设计布局和组合方式分类

1. 独立花坛

为单个花坛或多个花坛紧密结合而成。大多作为局部构图的中心，一般布置在轴线的焦点、道路交叉口或大型建筑前的广场上。

2. 组合花坛

由相同或不同形式的多个单体花坛组合而成，但在构图及景观上具有统一性。花坛群应具有统一的底色，以突出其整体感。花坛群还可以结合喷泉和雕塑布置，后者可作为花坛群的构图中心，也可作为装饰。

3. 带状花坛

长为宽的三倍以上，在道路、广场、草坪的中央或两侧，划分成若干段落，有节奏地简单重复布置。

三、花坛栽植技术

（一）土壤条件

土层厚薄、肥沃度、质地等会影响花卉根系的生长与分布。优良的土质应土层深厚，富含各种营养成分，砂粒、粉粒和黏粒的比例适当，有一定的空隙以利通气和排水，持水与保肥能力强，还具花卉生长适宜的 pH 值，不含杂草、有害生物以及其他有毒物质。

理想的土壤是很少的，土质差的可通过客土、使用有机肥等措施，可以起到培育土壤良好结构性的作用。可加入的有机肥包括堆肥、厩肥、锯末、腐叶、泥炭等。

（二）栽植穴

栽植穴、坑应稍大于土球和根系，保证苗根舒展。

（三）栽植距离与深度

花苗的栽植间距，应以植株的高低、分蘖的多少、冠丛的大小而定，以栽后地面不裸露为原则，保证成长后具有良好的景观效果。栽植小苗时，应留出适当的生长空间。模纹式栽植的植株密度可适当加大。

花苗的栽植深度应充分考虑植物的生物学特性，一般以所埋之土与根茎处相齐为宜。球根花卉的覆土厚度应为球根高度的 1.2 倍。

（四）栽植顺序

栽植时，高的苗栽中间、矮的苗栽边缘，使花坛突出景观效果。栽入后，用手压实土壤，同时将余土耙平。

图案简单的单个独立花坛，应由中心向外的顺序退栽；坡式的花坛应由上向下栽植；图案复杂的花坛应先栽好图案的各条轮廓线，再栽内部填充部分。大型花坛宜分区、块栽植；植物高低不同的花卉混栽时，应先栽高的，后栽矮的；宿根、球根花卉与一二年生草花混栽时，应先栽宿根、球根花卉，后栽一二年生草花。

四、花坛栽植施工具体工作

（一）盛花花坛的施工

1. 施工准备

主要材料、工具及设备，包括各种花卉、铁锹、镐、喷灌设施、运输车辆等。

2. 整地翻耕

在栽植花卉前进行整地，将土壤深翻 40~50 cm，挑出草根、石头及其他杂物，并施入适量的已腐熟的有机肥作为基肥。花坛中部填土要高一些，边缘部分填土应低一些。填土达到要求后，要把上面的土粒整细、耙平，以备栽植花卉。

3. 定点放线

栽花前，在花坛种植床上，对花坛图案进行定点放线。

图案简单的规则式花坛，根据设计图纸，直接用皮尺量好实际距离，并用灰点、灰线做出明显的标记；如果花坛面积较大，可用方格网法，在图纸上画好方格，按比例放大到地面上。

花坛面积较大，图案多为圆滑曲线，可用方格法放线。先在图纸上画 1 m×1 m 的方格，把重要拐点坐标量好，然后测设到地面上，点点之间按照图案设计曲线用白灰做圆滑连接。

4. 起苗

苗木从当地苗圃中取得，毛百合、芍药、菊花挖掘带土花苗，起苗时注意保持毛百合球根的完整，芍药、菊花根系丰满。彩叶草、孔雀草等选用盆栽苗木。

5. 栽植

带土球苗木运到后必须立即栽植，盆栽花先去除外面的营养钵后带土球栽植。栽植时，先从中央开始再向边缘部分扩展栽下去。先栽植中部的毛百合，其覆土厚度为鳞茎高度的 1.2 倍；然后栽植芍药、菊花等宿根花卉，再栽植一二年生花卉。栽植穴挖大一些，保证花苗根系舒展，栽入后用手压实土壤，并随手将余土整平。株行距以花株冠幅相接，不露出地面为准。

6. 养护及换花

花株栽植完后立即浇一次透水。平时应注意经常浇水保持土壤湿润，浇水最好在早晚进行。花苗长到一定高度要进行中耕除草，并剪除黄叶和残花。如花苗有缺株，应及时补栽。同时应根据需要，适当施用追肥，追肥后应及时浇水。应注意的是，花坛中间的毛百合不可施用未经充分腐熟的有机肥料，否则会造成球根腐烂。

盛花花坛中草花生长期短，为了保持花坛长期的观赏效果，应及时更换花苗，更换次数应根据花坛的等级及花苗的供应情况确定，一般每年至少更换 1 次，有条件的可更换 2~3 次，即保证一年四季都有盛开的鲜花可供观赏。

（二）模纹花坛的施工

1. 整地翻耕

整地方法及基本要求同盛花花坛施工，但由于模纹花坛的平整要求比一般花坛高，为了防止花坛出现下沉和不均匀现象，在施工时应增加 1~2 次镇压。

2. 上顶子

模纹花坛的中心多数栽种苏铁及其他球形盆栽植物，也有在中心地带布置高低层次不同的盆栽植物，称为"上顶子"。若花坛中心为一预制时代雕塑，安放好即可。

3. 定点放线

模纹花坛，要求图案、线条准确无误，故对放线要求极为严格，可以用较粗的铅丝按设计图纸的式样编好图案轮廓模型，检查无误后，在花坛地面上轻轻压出清楚的线条痕迹；也可用测绳摆出线条的雏形，然后进行移动，达到要求后再沿着测绳撒上白灰。

有连续和重复图案的模纹花坛，因图案是互相连续和重复布置，为保证图案的准确性，可以用硬纸板按设计图剪好图案模型，在地面上连续描画出来。

在某项工程中，先在图纸上测出榆叶梅的具体位置，用尺测设到花坛上，用白灰标记。榆叶梅之间的图案，用测绳摆出线条的雏形，然后进行移动，达到要求后再沿着测绳撒上白灰。中间的圆环图案，在图纸上测好每个圆环的半径，然后在花坛中心立桩，往外引线至准确距离时立木桩标记，围绕一周多做标记，最后用石灰圆滑连接。

4. 起苗

红瑞木、矮紫杉篱、金焰绣线菊等裸根苗应随起随栽，起苗应该注意保持根系完整。

榆叶梅等带土球苗，如花圃畦地干燥，应事先灌浇苗地，起苗时要注意保持根部土球完整，根系丰满。如苗床土质过于松散，可用手轻轻提捏实，然后用薄塑料袋包装土球，掘起后，最好于阴凉处放置 1~2 d，再运往栽植地。这样做，既可以防止花苗土球松散，又可以缓苗，有利于成活。

5. 栽植

栽植时，花坛中部先里后外，逐次进行。外侧图案先栽植榆叶梅，再栽植纹样中间的红瑞木，最后栽植矮紫杉篱。花坛外缘用金焰绣线菊镶边。

6. 养护管理

花株栽植完后立即浇 1 次透水。对模纹的花卉植株，要经常整形修剪，保证整齐的纹样，不使图案杂乱。栽好后可先进行 1 次修剪，以后每隔一定时间修剪 1 次。修剪时，为了不踏坏图案，可利用长条木板凳放入花坛，在长凳上进行操作。对花坛上的多年生花卉，每年应施肥 2~3 次。

五、绿带施工技术

一般所谓的绿带，主要指林带、道路绿化带以及树墙、绿篱等隔离性的带状绿化形式。绿带在城市园林绿化中所起的作用，主要是装饰、隔离、防护、掩蔽园林局部环境。

（一）林带施工

1. 整地

通过整地，可以把荒地、废弃地等非宜林地改变成为宜林地。整地时间一般应在营造林带之前 3~6 个月，以"夏翻土，秋耙地，春造林"的效果较好。现翻、现耙、现造林对林木栽植成活效果不很好。整地方式有人工和机械两种。人工整地是用锄头挨着挖土翻地，翻土深度为 20~35 cm；翻土后经过较长时间的曝晒，再用锄头将土坷垃打碎，把土整细。机械翻土，则是由拖拉机牵引三铧犁或五铧犁翻地，翻土深度 25~30 cm。耙地是用拖拉机牵引铁耙进行。对沙质土壤，用双列圆盘耙；对黏重土质的林地则用缺口重耙。在比较窄的林带地面，用直线运行法耙地；在比较宽的地方，则可用对角线运行法耙地。耙地后，要清除杂物和土面的草根，以备造林。

2. 放线定点

首先根据规划设计图所示林带位置，将林带最里边一行树木的中心线在地面放出，并在这条线上按设计株距确定各种植点，用白灰做点标记。然后依据这条线，按设计的行距向外侧分别放出各行树木的中心线，最后再分别确定各行树木的种植点。林带内，种植中的排列方式有矩形和三角形两种，排列方式的选用应与主导风向相适应。

林带树木的株行距一般小于园林风景的株行距，根据树冠的宽窄和对林带透风率的要求，可采用 1.5 m×2 m、2 m×2 m、2 m×2.5 m、2.5 m×2.5 m、2.5 m×3 m、3 m×3 m、3 m×4 m、4 m×4 m、4 m×5 m 等株行距。林带的透风率，就是风通过林带时能够透过多少风量的比率，可用百分比来表示。一般起防风作用的林带，透风率应为 25%~30%；防沙林带，透风率 20%；园林边沿林带，透风率可为 30%~40%。透风率的大小，可采取改变株行距、改变种植点排列方式和选用不同枝叶密实度的树种等方法来调整。

3. 栽植

园林绿地上的林带一般要用 3~5 年生以上的大苗造林，只有在人迹较少，且又容许造林周期拖长的地方，造林才可用 1~2 年生小苗或营养杯幼苗。栽植时，按白灰点标记的种植点挖穴、栽苗、填土、插实、做围堰、灌水。施工完成后，最好在林带的一侧设立临时性的护栏，阻止行人横穿林带，保护新栽的树苗。

（二）道路绿带施工

城市道路绿带是由人行道绿化带和分车绿带组成的。在绿带的顶空和地下，常常都敷设有许多管线。因此，街道绿带施工中最重要的工作就是要解决好树木与各种管线之间的矛盾关系。

1. 人行道绿带施工

人行道绿带的主要部分是行道树绿化带，另外还可能有绿篱、草花、草坪种植带等。行道树可采用种植带式或树池式两种栽种方式。种植带的宽度不小于 1.2 m，长度不限。树池形状一般为方形或长方形，少有圆形。树池的最短边长度不得小于 1.2 m；其平面尺寸多为 1.2 m×1.5 m、1.5 m×1.5 m、1.5 m×2 m、1.8 m×2 m，等等。行道树种植点与车行道边缘道牙石之间的距离不得小于 0.5 m。行道树的主干高度不小于 3 m。栽植行道树时，要注意解决好与地上地下管线的冲突，保证树木与各种管线之间有足够的安全间距。表 7-6 是行道树与街道架空电线之间应有的间距，表 7-7 则是树木与地下管线的间距参考数值，行道树与距离旁建筑物、构筑物之间应保持的距离，则可见 7-8 中所列。为了保护绿带不受破坏，在人行道边沿应当设立金属的或钢筋混凝土的隔离性护栏，阻止行人踏进种植带。

表 7-6　行道树与架空电线的间距

电线电压/kV	水平间距/m	垂直间距/m
1	1.0	1.0
1~20	3.0	3.0
35~110	4.0	4.0
154~220	5.0	5.0

表7-7 行道树与地下管道的水平间距

沟管名称	至中心最小间距/m	
	乔木	灌木
给水管、闸井	1.5	不限
污水管、雨水管、探井	1.0	不限
排水盲沟	1.0	
电力电缆、探井	1.5	
热力管、路灯电杆	2.0	1.0
弱电电缆沟、电力、电信杆	2.0	
乙炔氧气管、压缩空气管	2.0	2.0
消防龙头、天然瓦斯管	1.2	1.2
煤气管、探井、石油管	1.5	1.5

表7-8 行道树与建筑、构筑物的水平间距

道路环境及附属设施	至乔木主干最小间距/m	至灌木中心最小间距/m
有窗建筑外墙	3.0	1.5
无窗建筑外墙	2.0	1.5
人行道边缘	0.75	0.5
车行道路边缘	1.5	0.5
电线塔、柱、杆	2.0	不限
冷却塔	塔高1.5倍	不限
排水明沟边缘	1.0	0.5
铁路中心线	8.0	4.0
邮筒、站牌、站标	1.2	1.2
警亭	3.0	2.0
水准点	2.0	1.0

2. 分车绿带施工

由于分车绿带位于车行道之间，绿化施工时特别要注意安全，在施工路段的两端要设立醒目的施工标志。植物种植应当按照道路绿化设计图进行，植物的种类、株距、搭配方式等，都要严格按设计施工。分车绿带一般宽1.5~5 m，但最窄也有0.7 m。1.5 m宽度以下的分车带，只能铺种草皮或栽成绿篱；1.5 m以上宽度的，可酌情栽种灌木或乔木。分车带上种草皮时，草种必须是阳性耐干旱的，草皮土层厚度在25 cm以上即可，土面要整细以后才播种草籽。分车带上种绿篱的，可按下面关于绿篱施工内容中的方法栽植。分车带上栽植绿篱加乔木、灌木的，则要完全按照设计图进行栽种。分车带上栽植乔灌木，与

一般树木的栽植方法一样，可参照进行。

（三）绿篱施工

绿篱既可用在街道上，也可用在园林绿地的其他许多环境中，绿篱的苗木材料要选大小和高矮规格都统一的、生长健旺的、枝叶比较浓密而又耐修剪的植株。施工开始的时候，先要按照设计图规定的位置在地面放出种植沟的挖掘线。若绿篱是位于路边或广场边，则先放出最靠近路面边线的一条挖掘线，这条挖掘线应与路边线相距 15～20 cm；然后，再依据绿篱的设计宽度，放出另一条挖掘线。两条挖掘线均要用白灰在地面画出来。放线后，挖出绿篱的种植沟，沟深一般 20～40 cm，视苗木的大小而定。

栽植绿篱时，栽植位点有矩形和三角形两种排列方式，株行距视苗木树冠宽窄而定；一般株距为 20～40 cm，最小可为 15 cm，最大可达 60 cm（如珊瑚树绿篱）。行距可和株距相等，也可略小于株距。一般的绿篱多采用双行三角形栽种方式，但最窄的绿篱则要采用单行栽种方式，最宽的绿篱也有栽成 5～6 行的。苗木一棵棵栽好后，要在根部均匀地覆盖细土，并用锄把插实；之后，还应全面检查一遍，发现有歪斜的就要扶正。绿篱的种植沟两侧，要用余下的土做成直线形围堰，以便于拦水。土堰做好后，浇灌定根水，要一次浇透。

定形修剪是规整式绿篱栽好后马上要进行的一道工序。修剪前，要在绿篱一侧按一定间距立起标志修剪高度的一排竹竿，竹竿与竹竿之间还可以连上长线，作为绿篱修剪的高度线。绿篱顶面具有一事实上造型变化的，要根据形状特点，设置两种以上的高度线。在修剪方式上，可采用人工和机械两种方式。人工修剪使用的是绿篱剪，由工人按照设计的绿篱形状进行修剪。机械修剪是使用绿篱修剪机进行修剪，效率当然更高些。

绿篱修剪的纵断面形状有直线形、波浪形、浅齿形、城垛形、组合型等，横断面形状有长方形、梯形、半球形、截角形、斜面形、双层形、多层形，等等。在横断面修剪中，不得修剪成上宽下窄的形状，如倒梯形、倒三角形、伞形等，都是不正确的横断面形状。如果横断面修剪成上宽下窄形状，将会影响绿篱下部枝叶的采光和萌发新枝新叶，使以后绿篱的下部呈现枯秃无叶状。自然式绿篱不进行定形修剪，只将枯枝、病虫枝、杂乱枝剪掉即可。

第五节　草坪建植施工

一、草坪的概念与类型

（一）草坪的概念

草坪是人工建植、管理的，能够耐适度修剪和践踏的，具有使用功能和改善生态环境作用的草本植被。

（二）草坪的类型

按照用途，草坪可分为以下几种类型：

1. 游憩型草坪

这类草坪多采用自然式建植，没有固定的形状，大小不一，允许人们入内活动，管理较粗放。选用的草种适应性强，耐践踏，质地柔软，叶汁不易流出以免污染衣服。

2. 观赏型草坪

这类草坪栽培管理要求精细，严格控制杂草生长，有整齐美观的边缘并多采用精美的栏杆加以保护，仅供观赏，不能入内游乐。草种要求平整、低矮，绿色期长，质地优良。

3. 运动场草坪

专供开展体育活动用的。管理要求精细，要求草种韧性强，耐践踏，并耐频繁修剪，形成均匀整齐的平面。

4. 环境保护草坪

这类草坪的主要目的是发挥其防护和改善环境的功能，要求草种适应性强、根系发达、草层、紧密、抗旱、抗寒、抗病虫害能力强，耐粗放管理。

二、园林中常用的草坪草

根据草坪植物对生长适宜温度的不同要求和分布区域，可分为暖季型草坪草和冷季型草坪草。

（一）暖季型草坪草

此类草坪草特点是早春返青后生长旺盛，进入晚秋遇霜茎叶枯落，冬季呈休眠状态，

26~32 ℃为其最适生长温度。常用的有结缕草、野牛草、中华结缕草、狗牙根、地毯草、细叶结缕草、假俭草等,适合于我国黄河流域以南的华中、华南、华东、西南广大地区。

(二) 冷季型草坪草

此类草坪草主要特征是耐寒性强,冬季常绿或仅有短期休眠,不耐夏季炎热高湿,春秋两季是最适宜的生长季节。常用的有草地早熟禾、加拿大早熟禾、高羊茅、紫羊茅、匍匐剪股颖、多年生黑麦草等,适合我国北方地区栽培,尤其适宜夏季冷凉的地区。

三、草坪建植的方法

(一) 播种法

一般用于结籽量大而且种子容易采集的草种,如野牛草、羊茅、结缕草、苔草、剪股颖、早熟禾等都可用种子繁殖。优点是施工投资小,从长远看,实生草坪植物的生命力强;缺点是杂草容易侵入,养护管理要求高,形成草坪的时间比其他方法长。

(二) 栽植法

用植株繁殖较简单,能大量节省草源,一般 1 m² 的草块可以栽成 5~10 m² 或更多一些。与播种法相比,此法管理比较方便,因此,已成为我国北方地区种植匍匐性强的草种的主要方法。

1. 种植时间

全年的生长季均可进行。但种植时间过晚,当年就不能覆满地面。最佳的种植时间是生长季中期。

2. 种植方法

分条栽与穴栽。草源丰富时可以用条栽,在整好的地面以 20~40 cm 为行距,开 5 cm 深的沟,把撕开的草块成排放入沟中,然后填土、踩实。同样,以 20~40 cm 为株行距穴栽也是可以的。

为了提高成活率,缩短缓苗期,移栽过程中要注意两点:一是栽植的草要带适量的护根土;二是尽可能缩短掘草到栽草的时间,最好是当天掘草当天栽。栽后要充分灌水,清除杂草。

3. 铺植法

这种方法的主要优点是形成草坪快,可以在任何时候(北方封冻期除外)进行,且栽后管理容易。缺点是成本高，并要求有丰富的草源。

四、草坪建植施工具体工作

（一）准备工作

1. 土壤的准备

为使草坪生长良好，保持优良的质量及减少管理费用，应尽可能使土层厚度达到 40 cm 左右，最好不小于 30 cm。在小于 30 cm 的地方应加厚土层。土壤的 pH 值应为 6.5，正好适宜冷季型草坪草的生长。

2. 耕翻与平整

清除杂草和砖头、瓦块、石砾等杂物，深翻土壤达 30~40 cm，并打碎土块，土粒直径小于 1 cm。之后，撒施基肥再进行平整，此时，土壤疏松、通气良好有利于草坪草的根系发育，也便于播种或栽草。

3. 排水

在平整场地时，要结合考虑地面排水问题，不能有低凹处，以避免积水。此处草坪利用缓坡来排水，其最低下的一端可设雨水口接纳排出的地面水，并经地下管道排走。

（二）播种法建植草坪

1. 种子处理

播种前选择的种子一般要求纯度在90%以上，发芽率在50%以上。有的种子发芽率不高并不是因为质量不好，而是各种形态、生理原因所致。为了提高发芽率，达到苗全、苗壮的目的，在播种前可对种子加以处理。

草坪种子播种量越大，见效越快，播后管理越省工。种子有单播和 2~3 种混播的。单播时，一般用量为 10~20 g/m²，应根据草种、种子发芽率而定。混播则是在依靠基本种子形成草坪以前的期间内，混种一些覆盖性快的其他种子，如早熟禾85%~90%与剪股颖 15%~10%进行混播。

2. 播种

冷季型草种为秋播，北方最适合的播种时间是 9 月上旬。

播种方法有条播及撒播。条播有利于播后管理，撒播可及早达到草坪均匀的目的。条播是在整好的场地上开沟，深 5~10 cm，沟距 15 cm，用等量的细土或沙与种子拌匀撒入沟内。不开沟为撒播，播种人应做回纹式或纵横向后退撒播。

某草坪工程播种时，为了确保种子撒播均匀，应先将场地画成 5 m 宽的长条，计算每个长条的面积，根据 20 g/m² 的播种量，把种子分成若干份，在每份种子中掺入相当于种子重量 1~2 倍的干的细沙，然后用手摇播种器将种子均匀撒播。

3. 播后管理

种子播好后，施工人员立即用钉耙覆土，轻轻耙土镇压使种子入土 0.2~1 cm，并用无纺布覆盖。播种后可根据天气情况每天或隔天喷水，幼苗长至 3~5 cm 时须揭开覆盖物，时间以傍晚为宜，但要经常保持土壤湿润，并要及时清除杂草。

（三）铺植法建植草坪

1. 铲草皮

就近选定草源，要求草生长势强，密度高，而且有足够大的面积。然后铲草皮，先把草皮切成平等条状，按需要切成块，大致为 60 cm×30 cm，草块厚度为 3~5 cm。草皮的需要量和草坪面积相同。

2. 铺植

①从笔直的边缘，如路缘处开始铺设第一排草皮，保持草块之间结合紧密平齐。

②在第一排草皮上放置一块木板，然后跪在上面，紧挨着毛糙的边缘像砌砖墙一样铺设下一排草皮。用同样的方式精确地将剩余的草皮铺完，不要在裸露的土壤上行走，草坪中心可以利用小块草皮填植。

③用 0.5~1.0 t 重的碌筒或木夯压紧和压平，消除气洞，确保根部与土壤完全接触。

④撒一点沙质壤土，用刷子把土刷入草皮块之间的空隙。第 1 次水要浇足、灌透。一般在灌水后 2~3 d 再次滚压，则能促进块与块之间的平整。

⑤草坪边缘进行直边、曲边的修整。

（四）草坪的养护

草坪的养护主要包括灌水、施肥、修剪、除杂草、更新复壮等环节。

1. 灌水

北方春季草坪萌发到雨季前，是一年中最关键的灌水时期。每次灌水的水量应根据土质、生长期、草种等因素而确定，以湿透根系层、不发生地面径流为原则。在封冻前灌封冻水也是必要的。

2. 施肥

草坪建成后在生长季须追氮肥，以保持草坪叶色嫩绿、生长繁密。寒季型草种的追肥时间最好在早春和秋季。

3. 修剪

修剪是草坪养护的重点，能控制草坪高度，促进分蘖，增加叶片密度，抑制杂草生长，使草坪平整美观。

草坪修剪一般应遵循 1/3 原则，即每次修剪时，剪掉的部分不能超过叶片自然高度（未剪前的高度）的 1/3。一般的草坪一年最少修剪 4~5 次。

4. 除杂草

草坪一旦发生杂草侵害，除用人工"挑除"外，还可用化学除草剂，如用 2,4-D、西马津、扑草净、敌草隆等。

5. 更新复壮

根据草坪衰弱情况，选择不同的更新方法。出现斑秃的，应挖去枯死株，及时补播或补栽。

参考文献

[1] 李本鑫，史春凤，杨杰峰. 园林工程施工技术 ［M］. (第3版). 重庆：重庆大学出版社，2021.

[2] 孙玲玲. 园林工程从新手到高手园林基础工程 ［M］. 北京：机械工业出版社，2021.

[3] 白巧丽. 园林工程从新手到高手——园林种植设计与施工 ［M］. 北京：机械工业出版社，2021.

[4] 何艳艳. 园林工程从新手到高手——假山水景景观小品工程 ［M］. 北京：机械工业出版社，2021.

[5] 潘天阳. 园林工程施工组织与设计 ［M］. 北京：中国纺织出版社，2021.

[6] 阎秀敏. 园林工程从新手到高手——园林园桥广场工程 ［M］. 北京：机械工业出版社，2021.

[7] 董亚楠. 园林工程从新手到高手——园林植物养护 ［M］. 北京：机械工业出版社，2021.

[8] 周小新，陈融，韩廷锦. 园林工程设计 ［M］. 长春：吉林科学技术出版社，2021.

[9] 魏立群，李海宾. 高等职业教育"十四五"规划教材·园林工程施工 ［M］. 北京：中国农业大学出版社有限公司，2021.

[10] 陈绍宽，唐晓棠. 高等职业教育园林类专业系列教材·园林工程施工技术 ［M］. 北京：中国林业出版社，2021.

[11] 陆娟，赖茜. 景观设计与园林规划 ［M］. 延吉：延边大学出版社，2020.

[12] 张文婷，王子邦. 园林植物景观设计 ［M］. 西安：西安交通大学出版社，2020.

[13] 刘洋. 风景园林规划与设计研究 ［M］. 北京：中国原子能出版社，2020.

[14] 陈晓刚. 风景园林规划设计原理 ［M］. 北京：中国建材工业出版社，2020.

[15] 杨琬莹. 园林植物景观设计新探 ［M］. 北京：北京工业大学出版社，2020.

[16] 张志伟，李莎. 园林景观施工图设计 ［M］. 重庆：重庆大学出版社，2020.

[17] 赵小芳. 城市公共园林景观设计研究 ［M］. 哈尔滨：哈尔滨出版社，2020.

[18] 张鹏伟，路洋，戴磊. 园林景观规划设计 ［M］. 长春：吉林科学技术出版社有限责

任公司，2020.

［19］尹金华. 园林植物造景［M］. 北京：中国轻工业出版社，2020.

［20］唐登明，顾春荣. 园林工程CAD［M］. 北京：机械工业出版社，2020.

［21］张正辉，张玮宏. 园林工程施工技术［M］. 哈尔滨：东北林业大学出版社，2019.

［22］吕明华，赵海耀，王云江. 工程施工与质量简明手册丛书·园林工程［M］. 北京：中国建材工业出版社，2019.

［23］邢洪涛，王炼，韩媛. 园林山石工程设计与施工［M］. 南京：东南大学出版社，2019.

［24］高健丽. 园林工程项目管理［M］. 北京：中国农业大学出版社，2019.

［25］操英南，项玉红，徐一斐. 园林工程施工管理［M］. 北京：中国林业出版社，2019.

［26］李瑞冬. 风景园林工程设计［M］. 北京：中国建筑工业出版社，2019.

［27］夏晔. 城市园林工程与景观艺术［M］. 延吉：延边大学出版社，2019.

［28］温泉，董莉莉，王志泰. 园林建筑设计［M］. 北京：中国农业大学出版社，2019.

［29］刘勇. 园林设计基础［M］. 北京：中国农业大学出版社，2019.

［30］刘磊. 风景园林设计初步［M］. 重庆：重庆大学出版社，2019.

［31］宋建成，吴银玲. 园林景观设计［M］. 天津：天津科学技术出版社，2019.

［32］郭莲莲. 园林规划与设计运用［M］. 长春：吉林美术出版社，2019.

［33］何会流. 园林树木［M］. 重庆：重庆大学出版社，2019.